中 国 味 丛 书

陇味儿

崔岱远 主编

叶梓 著

三联书店

图书在版编目（CIP）数据

陇味儿/叶梓著. —北京:生活·读书·新知三联书店,2020.9
（中国味丛书）
ISBN 978 - 7 - 108 - 06837 - 8

Ⅰ. ① 陇 … Ⅱ. ① 叶 … Ⅲ. ① 饮 食 － 文 化 － 甘 肃
Ⅳ. ①TS971. 202. 42

中国版本图书馆 CIP 数据核字（2020）第 062842 号

责任编辑 赵 炬 陈丽军
封面设计 幸 言
封面插图 多 多
责任印制 黄雪明
出版发行 生活·讀書·新知 三联书店
        （北京市东城区美术馆东街 22 号）
邮　编 100010
印　刷 常熟市文化印刷有限公司
排　版 南京前锦排版服务有限公司
版　次 2020 年 9 月第 1 版
        2020 年 9 月第 1 次印刷
开　本 880 毫米×1230 毫米 1/32 印张 6
字　数 114 千字
定　价 32.00 元

目录

怀乡之作

（代序）

甘肃是我的故乡。

四十一年前一个大年初一的黄昏,我出生于甘肃天水一个名叫杨家岘的古老村庄,后来读完大学,在天水的报社工作了十余年后就离开了陇原大地,开始辗转苏杭一带生活——现在,总算安稳了下来,在一幢临湖的房子里安放睡眠,在一家相对清闲安逸的单位安心写作。这本书的大部分文字,就是在一间名叫"太湖文学社"的办公室里写就的。而写这本书的机缘,还得回溯到2015年夏天在北京鲁迅文学院高研班的求学经历。当时,恰有同学奉荣梅的朋友——也就是此套丛书的主编、以写《京味儿》而名扬天下的美食作家崔岱远先生张罗此事。荣梅是《长沙晚报》资深的副刊编辑,在成为同学之前就刊发过我不少写甘肃美食的文章,遂拉我入伙,当然,我也就爽快地应承下来。

为什么呢?

因为我是甘肃人,给甘肃写一本书,既是乐事,也是本分。

中国的版图上，横贯丝绸之路的甘肃是一条极其狭长的带子。举个最浅显的例子吧，倘若从最东端的天水坐火车去最西端的敦煌，花费的时间比天水去北京、杭州还要长。然而，正是这种狭长的地形使得甘肃文化表现出一种极其明显的多元特色，反映在美食上，就是甘肃美食博杂，没有规律可循。比如说，天水的美食接近陕西，甘南的美食又与青海、西藏的美食关系密切，而河西走廊一带的美食则又受到新疆、宁夏的深刻影响。从这个角度讲，甘肃美食就像一个无所不包的大观园，所以，要想在一本书里穷尽甘肃美食，几乎是不可能的——甚至可以说，能够道出一二也是件颇具挑战的事。好在我在甘肃生活多年，几乎跑遍了每个地州市，算不上很熟悉，但至少也不陌生。

当我隔着遥远的时空，在异乡的南方写下这些美食的点点滴滴时，我恍然发现，这是一次纸上的返乡，是我一个人追忆逝水年华。在我的笔下，出现了不少朋友的身影，他们与美食紧紧相连，是我人生记忆里不可或缺的一部分。同时，因为隔着距离重新审视的缘故，这次纸上的美食之旅更像一次文化之旅，让我在中国的南方重温了甘肃的美，一种独绝的大美。

所以说，这次意外的书写，其实是我在异乡的天空下写的一本怀乡之作，字里行间有我的或悲或喜的记忆，有我的青春年华，也有我无处安放的那抹乡愁。

天水

浆
水
面

在甘肃天水,家常便饭,当指浆水面。

尽管我这么说,但我现在吃浆水面的次数明显且大幅度地少于童年时代了。我的老家杨家岘,穷而偏僻,连小小的集市都没有,当时的饭,顿顿离不开浆水,早上浆水汤,中午浆水面,晚上又是浆水汤,周而复始,日复一日。记得那时候我总嚷着让母亲做一顿醋饭——所谓醋饭,其实就是家乡人对臊子面的称呼。那时候的我,真以为天下的饭无非就是浆水面和醋饭而已。所以,一个吃浆水面长大的人,现在竟很少有机会吃到这样的食物了,这是我以前根本想不到的事。现在,我偶尔回甘肃,想吃浆水面,就专门回趟老家。年迈的姑姑,就是做浆水面的好把式。

其实,从浆水的做法就可知道,浆水面是平民的饭。

先将用来做酸菜的菜洗净，切碎，在开水里一过，放进盛有"脚子"的缸中，再烧一锅开水，用少量的玉米面粉勾芡，煮熟后倒进浆水缸里，搅匀即可。天水人把这个过程叫"投"浆水，缘何叫"投"，我一直思考，但不得其解。浆水的好坏关键在于"脚子"。俗语讲，有其父必有其子，用在投浆水上也极恰切：有好"脚子"才会有好浆水。至于用来投浆水的菜，往往因季节而异，春天的苜蓿、夏天的芹菜、秋天的萝卜、冬天的大白菜，都行。但我爱吃苦苣菜投的浆水——苦苣的学名叫苣荬菜，中药里叫败酱草，菊科的一种——事实上，用鲜嫩的苦苣投的浆水，清香可口，亦有开胃降火之功效，可谓一箭双雕。除了苦苣，用苜蓿和芨芨菜投的浆水也很好吃。

浆水好吃，不一定浆水面就好吃。

世上的事情都有前提。两口子恩恩爱爱的前提是互相信任，听一支乐曲的前提是心绪宁静。同理，一碗好吃的浆水面，也是有前提的：其一是面条要柔韧滑爽；其二要把浆水炝好。炝，是极重要的前提。在我的理解中，炝就像给一个漂亮的姑娘化妆一样，也类似于好马配好鞍。即便是碰上苜蓿或者芨芨菜的浆水，也得炝好，不然味道出不来。

春天里的头刀韭芽或者天水本地的野葱花炝的浆水，当属上上乘。

甘肃近代文人王烜在其《竹民诗稿》里如此写到浆水面："本地风光好，芹波美味尝。客来夸薄细，家造发清香。饭后常添水，春残便作浆，尤珍北山面，一吸尺余长。"读此诗,觉着像一首完整的叙事诗,把浆水面的做法基本上说清楚了。实际上,浆水的历史悠久,大约可追溯至西周时期。据《吕氏春秋》载,"文王嗜昌蒲菹,孔子闻而服之,缩颊而食之。三年,然后胜之"。李时珍在其《本草纲目》中则说,浆水"调中行气,宣和强力,通关开胃,止渴消食,利小便,白肌肤"。如此之论,虽好,但会让人觉着吃浆水面像喝药治病一样。

我还读到了一首诗,写的也是浆水面。诗曰:"少小之餐未易忘,每思家馔几回肠。千秋早有酸蒲菹,万户今留苣菜香。痛饮田头消暑气,深藏厨下备年荒。竹篱茅舍酬亲友,浆水面条味最长。"作者不详,但读起来像回忆之作。当然,这仅是我个人的猜测。事实上,浆水面在天水人心里,已经成为一种情结。多少远走天涯的天水人,只要给家里打电话,除了诉说思念,都会不例外地说:"真想吃一碗浆水面!"

我这里有一则关于浆水面的真实故事,讲给大家听听,想必诸位在听完之后就能体会浆水面在一个天水人心中是多么重要。我有一位朋友,他的亲戚在银行工作,这亲戚犯事后就跑到南方去了。不出半年,这人便被抓了回来。警察押他回天水路过西安时,他在车上闻到了一股浆水味,很纯正的那种——我猜想,那一定是天水人在西安开的浆水面馆——于是,他就大胆地给警察说出了自己的请求:想吃一碗浆水面。他已经有好几个月没吃了,闻到就馋。不一会儿,两碗下肚,可能是觉着心满意足的缘故吧,他一下子就把犯事的过程和盘托出,而且,说出来的时候还面带笑容。警察问他为啥在此之前闭口不提,他的回答是,一碗浆水面,吃得人心里舒坦啊。

回答竟然如此简单,理由竟然如此不可思议。

我以为,他无意间说出的这句话,恰恰是饮食文化在一个普通人身上的深深沉淀。

黄米糕

南糕北饼之说,虽有道理,但并不绝对。比如甘肃天水,虽是西北陇上小城,却有一糕类食品,曰"黄米糕"。记得小时候家里穷,白面少,母亲经常做黄米糕给我们吃。那时的早餐只喝一碗糊糊,吃两块黄米糕。有时吃腻了,我就叫嚷开了:

"妈,咋又是甜馍馍?"

甜馍馍是黄米糕的俗名,也有人叫它米黄甜馍。糕类食品是江南特产,而黄米糕被天水人称为米黄甜馍——一个"馍"字,让它一下子有了北方气息。因此,可以开玩笑地这么说,黄米糕体现了天水这座古城的开放意识,因为它身上有南北融合的影子。但打铁还需自身硬,依我看,天水能有黄米糕,不但不怪,且顺理成章,因为黄米糕在天水算是占尽了天时、地利、人和的风头。

先说天时。

在说天时之前,得说说黄米糕的做法。将糜子在碾盘或石碓窝中碾,舂去麸皮。碾盘、石碓窝,都是日渐消失的古老工具;碾和舂,也都是颇有原始气息的古老方式。单单因了这些词,也能亲切地感受到一种古朴的气息。之后,将去皮的糜子磨成粉,发酵后按蒸笼大小做成圆饼上笼蒸熟。蒸熟后的黄米糕不像刚出锅的馒头那样热气腾腾,一副热血青年的样子;黄米糕更像历经沧桑的老者,即便刚刚出锅,也是静若秋水。但切开后,黄米糕剖面宛如蜂巢,酥软之态毕呈;食之味甜、糯软,极符合古人"糕贵乎松"的说法。

黄米糕以糜子为原料。糜子者,古称黍,是中国传统的五谷之一。《诗经》中"黍稷重穋,禾麻菽麦"的记录中,黍排在首位。而中国最早的黍,就在天水的大地湾遗址发现,已有7000多年的历史。俗语云,靠山吃山,靠水吃水,因此,天水人就得靠糜子来填饱肚皮养家糊口了。

次说地利。

甘肃天水,有"陇上小江南"之称。这样的话绝非因我居于此而"王婆卖瓜,自卖自夸",而是天水确实不负此名。范长江先生在《中国的西北角》写道:"甘肃人说到天水,就等于江浙人说苏杭一样,认为是风景优美,生产富饶,人物秀丽的地方。"事实上,北方的雄奇和南方的秀丽,天水都有。细心的人会发现,地图上的甘肃像条细长的带子,而天水就像是这条细长带子最东边的一个结。它地处西北高原的东部之首,属暖温带半湿润气候区,用已经寓居南方的报人文长辉的话说,就是"既有北方暖温带之阳光普照,又有南方湿润带之季雨频临"。说地理决定食品的特性是行得通的,古长安往西,唯独天水有着较为浓烈的江南气息。既然有江南气息,就得有与之对应的食品吧。而黄米糕恰恰对应了这座城市的江南气息。

至于人和,天水有句俗话说,天上下腊肉还要人张口,意指凡事尚需人做。即便天水遍地种上糜子,江南之气也胜过苏杭,还得有人亲自下厨把糕类食品做出来吧。恰恰天水就有这样的人。我一直固执地认为,美食是休闲之城的特色,也是心存闲裕之人的事业。诗人车前子说,好吃的人创造了好吃的东西。那么谁是好吃之人? 依我看,只有气淡意闲的人才会在行为和内心深处注重吃,并且不断地发明一些新的吃法。其实,这也是一种创造。

天水,恰恰是一座休闲的城市。

我有不少外地朋友在天水待上几天或者一段时间后,都会不约而同地流露出喜欢之意。因为这座城市的休闲和散淡,着实迷人。所以,我们能够想象出,一些吃惯了饼类食品的老太太没事干的时候,在自己家的厨房里,肯定会突发奇想地"无事生非"一番。不经意间,黄米糕就脱"厨"而出了。当然,也可以想见,即使天水有遍地的糜子,但白领们是没法做出黄米糕的。他们没有时间,没有精力,更没有心境,他们只会把匆匆的脚步停留在快餐店的门口。这也正是这些年黄米糕在天水大音稀声的缘故吧。前几年,我偶尔想吃黄米糕就上街去买,现在上街都不容易买到了。我发现,现在全国的早点都在北京化,好像大家不约而同地喜欢上了油条和豆浆。但在天水的乡下和老城区西关一带,还能见到黄米糕。我相信,黄米糕不会在天水消失,因为它毕竟承担着传承天水江南之气的光荣重任。

黄米糕,多柔软的名字,天水小城的大街小巷、天空,乃至人心里,因它的存在而散溢着一股温柔的气息。

锅盔

诗人车前子在一篇文章里很谦虚地说,南糕北饼是他的杜撰。我以为,这种说法十分贴切。虽然南方糕类食品之多,让我这个至今没踏上南方半步土地的西北汉子往往混淆了名字,但北方种类繁复的饼类食品完全可以与之一决雌雄。荞面煎饼、千层火烧、素面油饼、肉夹馍……我一口气就能列出一长串来。

饼类食品中,锅盔当属"头号人物"。

记得小时候家里穷,那时候的穷,是穷得炒菜时用筷子蘸一点油去炒的,所以,日常生活里是鲜有锅盔可吃。我六七岁时,能吃上一角锅盔,便是美事。稍长,方知道锅盔是老家干粮中的上上品,除了逢年过节和家里人外出,平常是不做的。记忆里的邻居漆大伯,每年麦黄时节都会提把镰刀下陕西赶麦场，走时总要带些锅盔。他待我很好，每年会送我一角锅盔吃。现在，老家的生活水平提高了，家家有锅盔可吃，只要不嫌麻烦去做的话。可漆大伯已离开了人世，他再也吃不上锅盔了。

那锅盔到底是一种什么样的饼呢？

还是先讲一则与锅盔有关的传说吧：

相传，东汉建安年间大将关羽驻军博望，因缺水而欲弃城。诸葛亮得知后速送一书，提示关羽"多用干面，掺水少许，和成硬块，大锅炕之"的方法做一大饼，既省水，又好吃。关羽嘱士兵遵照此法而做，果然好吃。自此，大饼之法就流传下来了。虽然这只是一个传说，但也能说明锅盔的历史悠久。事实上，锅盔应是古代丝绸之路食品的遗风，唐宋笔记里记载的"胡饼"，大抵是锅盔的"祖先"吧，因为其叙述与锅盔的做法大致相同。乾嘉时代的学者洪亮吉在《天山客话》里谈到的麦饼，亦与锅盔相似："塞外无物可啖，唯麦饼尚烘炙有法，余虽年过五十，齿利如铁，一日可尽一枚。"就在甘肃往西的新疆，维吾尔语称为"艾曼克"的大馕，与锅盔相差无几。它们共同的特点是耐存放、易携带——北方人因此称其为干粮。

天水张家川的锅盔在甘肃乃至全国都赫赫有名，这不是吹牛，而是实话。天水谣曰："面条像腰带，大饼像锅盖。"我觉着前面一句有些失实，因为天水人吃的面条是柔且细的，至少现在这样；后面一句于张家川锅盔而言，极是。前年去张家川的马鹿草原，在诗人李继宗的陪同下,我慕名买了县城一家老店的锅盔,果然好吃。当然我也从它的久不变味和不易破碎中体味到回民的隐忍和刚毅!我这样说,是想强调吃锅盔得有一副好牙齿。天水有句土话,说"有锅盔的没牙板,有牙板的没锅盔",此话充满哲学意味,这里撇开不谈,单论锅盔的工序,就能从中知其一二了。

我在这里援引一段天水民俗学者李子伟先生的文字:

> 张家川锅盔主要原料为优质冬麦面粉,有干面锅盔和鸡蛋锅盔两种。先把精粉发好,再加入一定比例的碱水,然后再填入大量干面,反复揉制(现在多用杠子挤压面团,省力,工效高)。这是最关键的一道工序。直到将面团揉压成绸子一般绵软,才切成4斤或5斤甚至6斤重的面剂子,再将剂子反复揉压,使其更加光滑绵软,然后加入香豆、葱花,擀制成厚而大的圆饼形,并在饼面精心旋出箍纹,抹上菜油,始上鏊烘烤。鸡蛋锅盔是把精粉发好后,在添加干面揉制的同时,将适量的蛋液加入,经反复揉压,使蛋汁与面粉相融,再如制作干面锅盔一样上鏊烤熟。

这段文字精准到位,既清晰地表述了锅盔好吃的技术原因,也用了一些颇有意味的形容词,如"一定比例""大量"等。这些词把锅盔暗含的手艺的意味表达了出来。食品之制作,秘方固然重要(秘方本身就有着手艺人的意味),

但属于手艺人心领神会的那一部分也许更重要，不同的人面对相同的原料，不可能做出口味完全相同的锅盔来，就像一棵树上长不出两片相同的叶子一样。

呱呱

一次,我和一外地朋友通电话,临末,邀请他以后来敝地玩玩时,顺口说了一句:"来了我请你吃呱呱。"我意本想以此做结,没料到他急切地问:"是不是公鸭做的?"从问话里能断定他是一个熟读过李渔的人。《闲情偶寄》里谈及鸭时,说:"禽属之善养生者,雄鸭是也。"李渔还喋喋不休地说,老公鸭煮得烂熟,功效比得上黄芪和人参。

暂且不说李渔之言是否属实,但这样的问话并不突然,且合情合理,因为单听名字,呱呱应与鸭有关。这是它的读音给人留下的第一印象。实际上,这是北方陇上小城甘肃天水的一道风味小吃,"呱呱"只是方言的叫法,是以讹传讹地想表达锅巴之意罢了。不过,锅巴确实是呱呱的精华。

小时候,母亲常做凉粉给我们吃。呱呱,是凉粉类的一种,但用的原料都是荞麦糁子(天水人把"糁"字读 zhen),荞麦去皮后磨成碴粒儿。制作时将荞麦糁子放在桶里浸泡一段时间,待泡软后,置于案上反复用力揉搓,让淀粉稀释出来——天水有句谣谚,"打倒的媳妇揉到的面,搓到的荞粉不沾案",说的就是搓凉粉——然后,再用纱布将淀粉过滤,除渣滓,待用。之后,置一大铁锅于灶头,烧沸一锅水,将淀粉浆汁搅匀,徐徐添进沸水,边添水边用面杖快速搅和。此时得用旺火,里面则是扑腾扑腾的声音,待面杖搅不动时,就改用文火。天水人将这个过程叫馇,馇得时间越长,锅巴越厚,呱呱就越好吃,柔韧,滑爽。馇到色泽黄亮时,停火,出锅,入盆待凉后即可食用了。天水人经常说"馇一锅呱呱吃",馇,是个缓慢的词,能让人想到文火哔哔地着的样子。所以,做呱呱生意的人睡不成懒觉,甚至连个好觉都睡不成,他们每天得凌晨两三点起床,因为呱呱是天水人的朝食之物。到天亮,时间也就刚能赶上。

外地人的早点是油条和豆浆,天水人也吃,但不多,更多的是一碗呱呱加一个小烧饼。依常理讲,早晨吃点清淡的、有营养的,可能好一些;但天水人却是以吃一碗呱呱而开始新的一天,尤其是老天水人,早晨吃呱呱几乎是雷打不动的,像我这种算是客居天水的人,是多少有点不习惯的,因为它的辛辣的确让人受不了。呱呱对调料的选择极严,尤其是辣椒面须用本地甘谷产的上品;泼辣子的油要用驴油;辣子里加多少花椒粉和八角茴香也得恰当;芝麻酱要用熟热油来化;蒜泥要兑水。

我一直固执地以为，做呱呱绝对是一门手艺。这么多的调料，里面的搭配也许是学不来的。果然，在天水有几户人家的呱呱，就有祖传秘方，不外传，比如说西关一家的呱呱，不知有多少人经常在凛冽的寒风里穿过秦州城，去吃上一碗。他们家世世代代经营呱呱，能让我想起曾经雄踞天水的隗嚣来。

西汉末年，天下一片大乱，各地军阀林立，天水人隗嚣也借机在秦陇一带拥重兵达 11 年之久。相传，隗嚣割据天水时，其母朔宁王太后，对呱呱特别感兴趣，每隔几日必有一食。由是呱呱遂为皇宫御食。后来隗嚣兵败，亡命西蜀；御厨却隐居天水，在城中租一铺面，经营起呱呱来。不知此事是否属实，如果属实，可以想象，那位御厨当年也是挺不容易的；如果是虚传，至少也能说明呱呱在天水还是有些历史吧。

关于荞麦，元代的美食家贾铭在《饮食须知》里有一段这样的文字：

> 荞麦性甘味寒，脾胃虚寒者食之，大脱元气，落眉发。多食难消，动风气，令人头眩。

尽管如此，但天水人多少年来一直是食而不厌。再说，我以为此话不必当真，因为天水女子最爱吃呱呱，而天水女子的头发也不见脱落，且以美貌而享誉陇上，这岂不矛盾？但我们应该当真的是，呱呱在吃法上，现在还是有些改变。

起先,吃呱呱时,摊主用手从呱呱上掰一块,再用手指捏碎,然后放进碗里;现在不是了,改用一种工具。原来的吃法应了天水人"不干不净,吃了没病"的老话,但这几年,工具的普及是和天水创建全国文明城市、国家卫生城市分不开的。

但我还是喜欢吃用手掰的呱呱。

猪油盒

一听名字，就让人能想到它像个小盒子——它看起来，
还真像个小方盒，在早晨的天水街头，在一只被胡麻油浸得
湿漉漉的木盘里，等待着刚从睡梦里醒来的人们。热气微
散，颜色金黄，像一个老实人的方块脸庞，一搭眼，顿生亲
切。但最初，平头老百姓是吃不上猪油盒的。据说，这是清
代宫廷里的一道点心。清朝初期，随着满族人移居天水，猪
油盒才慢慢地在天水传开了。那时候，不叫猪油盒，而叫猪
油饽饽。显然，这是一个比较北京化的叫法，可能是天水人
想"据为己有"吧，就改叫猪油盒了——取其形似，简单，朴
素，只是没有天水人的胎记了。不过，好吃的天水人将其几
经改良，其声名便远播陇上，且成为天水饮食的一道名吃、
一块招牌了。

说到招牌,猪油盒和天水呱呱一样,在天水早点里都是响当当的。不过,于我,情况有些不同。我生在天水乡下,记得那时候,早晨要么一碗浆水汤一角大饼,要么就是一碗糊糊一个馒头。至今,我仍就保持着早晨吃馍馍的习惯;而呱呱,吃得并不多。所以,在呱呱和猪油盒之间,我的胃对于猪油盒,有着一种特别的亲和力,一吃,就上瘾。

可以说,这几年,我的每一天几乎都是从吃猪油盒开始的。

我住七里墩,算是郊区,楼下卖早点的少。每天早晨,我就骑上自行车,迎着晨风,在去市区的路上吃早点。一路上,摆了不少的早点摊,都有猪油盒可卖,而且都香。我常常随便找一家,坐下,要两个猪油盒,先吃着,豆浆来了,一喝,一抿嘴,走了;有时候,吃完了也坐一会儿,边抽烟边看师傅做猪油盒,算是一份闲趣吧。而我所知道的猪油盒的"工艺流程",也就是这样看来的。

我看得最多的是北园子小区的一家。师傅是一位60多岁的老妇人。听她说,已经卖了大半辈子的猪油盒,现在眼闭上都会做。熟能生巧的道理,在饮食上最容易显现。因为是现做现卖,所以面得提前和好。我猜想,她一定是凌晨三四点就起床,往面里入油,把面制酥,要不然,到早上就来不及了。眼看着新出锅的快卖完了,她就把早已揉得很有韧性的面,拉成长条,用手蘸些胡麻油,抹上,揪成小面团,按扁,再把早就制好的生油酥卷包上,再按,放入猪板油、葱末、精盐等,一捏,收口,一个猪油盒的生坯子就做好了。她熟练的手法，像个手工艺人。然后，把鏊预热，往鏊底抹些胡麻油，稍热，将生坯放入，烙一会儿，再放些胡麻油，炸至金黄色，取出，入炉烘烤，不出十分钟，就熟了。

看着她忙碌的身影，我总想，要是以后没饭吃了，拜她为师，开个早点摊，也能养家糊口。

唉，为了养家糊口，我该起身，不是上班挣工资，就是回家写字读书赚稿费。偶尔，回头一望，那一排排刚刚出炉的猪油盒，散着稀稀的热气，和同样冒着热气的呱呱、杏茶一起，让这座城市的早晨，温暖，闲适，且弥漫着明清时代的市井气息。

喝一碗酸辣肚丝汤

甘肃天水共辖两区五县。在五个县里头，我最喜欢张家川，秦安次之。我喜欢秦安的理由有三：一是这里最有名的特产，是人——这么说有点像笑话，但的确是这样——不过这里的人是指货郎，我们叫货郎担担，他们肩挑一担小玩意儿，手摇一个拨浪鼓，脚踏大江南北，身串五湖四海，风餐露宿、渴饮饥食的传奇生活，实在是令人向往（据说，这两年去西藏的最多，也赚回了不少银子。但这不是我关心的）；二是我的交心朋友里，有三个是秦安人，分别为诗人雪潇、小说家刘子、散文家薛林荣；三是那里的酸辣肚丝汤好吃。

应该说，酸辣肚丝汤是秦安县除了千层火烧外的又一美食；甚至可以说，它比千层火烧更让人眷顾和惦念。

至少我是这样。

天巉公路的开通,让市区与秦安的车程一下子由原来的一个半小时缩短到半个小时,刚好抽四支烟的工夫,我试过多次,都是四支。因为我常常坐上依维柯或者打车去秦安喝酸辣肚丝汤。

酸辣肚丝汤的肚丝,讲究刀功,切得细若发丝,最好。此外,一定要洗得干净。元代的贾铭在《饮食须知》里谈到猪肚时说,"洗猪肚用面,洗肠脏用砂糖,能去秽气"。贾铭所说的"面",并非现在的玉米面,因为在元代,玉米尚未传入中国,大抵用的是豆面吧。但现在,秦安的酸辣肚丝汤里用的猪肚都是用玉米面洗的。小时候,过大年时家里杀了猪,母亲也用新磨的玉米面洗猪肚。至于水质,秦安的水质是无可挑剔的。秦安水咸,不宜喝茶,但做酸辣肚丝汤,刚好。至于原因呢,我也说不上。只听说用秦安的水做出的酸辣肚丝汤,其味与众不同,别出一格。同一个厨师,换成张家川武山的水,做出的酸辣肚丝汤,就不好吃了。所以,在天水市区开了店专营酸辣肚丝汤的秦安人,最后,都关了门。

让一个善食的人为之奔走在路上的感觉,也美。倘若唾手可得,反而会索然无味的。

在一个黄昏,邀上两三知己,去秦安的老巷,寻一家小饭馆,要一盆酸辣肚丝汤,且聊且喝,多好;要是碰上一个大风起兮雪花敲门的冬日黄昏,多美;更美的是,狭小的饭馆里,几个人围着一张方桌,或者长条桌,不谈股市,不谈女人,却谈着张岱或者袁枚。

"老板,汤好了。"

店里伙计一句秦安方言浓烈的喊声,常常让我们一下子从明清回到21世纪初的某一天,一下子从浪漫主义回到现实主义了。一盆酸辣肚丝汤,现实地摆在桌上,先前的斯文儒雅顿失,个个操勺,"嗞儿——嗞儿——"地喝起来。

汤面上,细细的肚丝、玉兰丝,还有木耳丝,漂着,像泛在湖面上细细的莲叶。

夜色里酸酸辣辣地抽上四支烟,归来,书桌前一坐,心情愉悦,像干了一件大事似的。

麻食

一位衣着朴素的妇人,将和好的面揉得光光的,复又搓成细细的长条,再揂成一小截一小截,拿起,在一个新新的草帽檐檐上,用大拇指使劲一搓,一条长短约一厘米、带有草编花纹的海螺状的小面卷,就脱手而出了——妇人的头不抬,只是一个劲儿地搓,不计较面馆里客人的多少,也不管外头的嘈杂热闹,她的五指飞舞,熟稔地进行取、搓、丢等动作,准确快速,一气呵成。不一会儿,她面前的案板上就摆满了这些小面卷,仿佛她的千军万马。十年前——再短一些——就是五年前吧,甘肃天水老城官泉和桥店子一带的小吃街上,随处可见这样的场景。可惜现在没有了。没有了,反倒觉着这场景悠远得意味深长。

如此而成者,甘肃天水的小吃麻食也。

据说,麻食祖宗是蒙古族的面食,又称秃秃麻食,意为手搓的面疙瘩。明代《长安客话》中把麻食归入汤饼类食物——汤饼者,古称索饼、煮饼,即今日之面条也。其实,麻食风行天水,让我看到了深藏于这方大地上人心里的温婉与灵秀。通常,人们一提到大西北,总会用粗犷、豪放等诸如此类的陈词滥调来形容。当然,这些都是对的,但只对了一半。因为,西北人吹着呼呼风沙的心里,也有着小桥流水般的温婉与灵秀。以甘肃天水为例,单单一碗面条,就做得五花八门,臊子面啦,浆水面啦,乌龙头打卤面啦,不一而足,和江南人的糕类食品比起来,难分伯仲。

而麻食,却将此推向了一个极致。

且不说麻食之味有多可口,单单看一碗麻食的"来龙去脉",就让人深深地感到一份经由时间积攒下来的旧,一种怀旧的旧,一种在时间隧道里慢步行走的旧,一种散发着手艺本色的旧,一种草帽的旧。可惜的是,这几年,做麻食生意的人开始偷懒了,有的直接在面板上搓,有的干脆在街面上买来专门搓麻食的状如洗衣板的小搓板上搓。吃这样的麻食,不只是少了天然的花纹,还少了经由草帽之后留下来的味道,吃起来当然也就索然无味了。

现在回忆起来,吃一碗地道的麻食,常常令人对西北大地充满暖意。当然,这得在冬天。

中国传统农业文明的一个典型特质,就是有季节的轮回变化。这在饮食上也能体现出来。冬吃羊肉春吃韭之类的道理,人人都懂,麻食作为一种冬令食品,其核心理所当然就是热，要吃得你满头大汗心暖意热才算过瘾。想想，在一座安静的独门小院里，与一知心女子随遇而安，每天上午，她都在家花上一上午的工夫，一粒一粒地从草帽檐檐上给你弄出一道麻食来，那吃起来是何等的神清气爽！不用猜，这样的日常生活，充满了缓慢与自然之美——当然，不管是炒麻食还是烩麻食，都是如此——这其实也就牵扯到麻食的吃法。烩麻食者，显然有汤，即先用肉汤、肉丁、蘑菇片、土豆丁等烩成臊子，与煮熟的麻食和在一起同食；炒麻食，如同风行西北的炒面，把煮好的麻食与菜同炒，此食法相比于烩，要少一些。

炒也好，烩也罢，在寒风凛冽雪花飞扬的下午或者晚上，吃一碗热乎乎的麻食，犹如在寒夜里围坐一炉炭火，冷暖适中。

　　一个人,不管贫富,推及美食,都有几道自己偏爱的;一个地方,再偏再远,待人接物时也总有几道与众不同的拿手好菜。古城天水待客的三道拿手好菜,俗称"老三片",分别是天水杂烩、酸辣里脊和炮仗肉。

　　对于烩菜,我最早的记忆,是母亲做的洋芋烩豆腐。

　　记得小时候放学回家,只要母亲说一句"今晚吃烩菜",我就知道是洋芋烩豆腐。在我贫穷的童年里,能吃上一顿洋芋烩豆腐,已经算一次不小的改善了。也许,因了这份贫寒的人生经历吧,当我后来客居天水第一次吃天水杂烩时,居然在菜未上桌之前误以为它就是洋芋烩豆腐。

　　其实,天水杂烩和老家的洋芋烩豆腐是风马牛不相及的。

它不像一般人理解中的把菜放到一起煮。它的配料极严格，既相辅相成，又互为补充，绝非乱炖一气，且有先后之分。具体做法是，先把蛋清和蛋黄搅匀，摊成薄饼，取鲜五花肉剁碎，放入盐、粉面、花椒后拌匀，加在两层薄蛋饼中间压平，上笼蒸熟，切成条形，做成夹板肉。以夹板肉为主，配以响皮条、丸子，浇上鸡汤，撒上葱花、香菜、木耳等，盛入汤盆，量足汤多，荤素搭配，边喝边吃，不油不腻，味道鲜美。

这让我想到了《随园食单·戒单》里的一条：戒同锅煮。在《随园食单·变换须知单》里，袁枚谈道：

> 一物有一物之味，不可混而同之。犹如圣人设教，因才乐育，不拘一律。所谓君子成人之美也。今见俗厨，动以鸡、鸭、猪、鹅，一汤同滚，遂令千手雷同，味同嚼蜡。吾恐鸡、鸭、猪、鹅有灵，必到枉死城中告状矣。善治菜者，须多设锅、灶、盂、钵之类，使一物各献一性，一碗各成一味。嗜者舌本就接不暇，自觉心花顿开。

可见，天水人是深谙清代大才子袁枚的《随园食单》之精髓的。

我以为，吃杂烩，得一家人在一起，要是四世同堂就更好不过了。一大家子，有老有少，围着热气腾腾的锅，有说有笑地吃，家的温馨和气息就出来了。即便在曾经的饥饿年代，倘若你碰上一户贫寒人家其乐融融地吃着杂烩，你也会觉着他们的日子过得多么幸福。这也是天水杂烩逢年过节时吃得较多的缘故。所以，我至今没做过一顿天水杂烩，因为和妻子两个人吃，少了氛围；再说，做一道地道的杂烩，得花半天时间——仅夹板肉就费不少时间。唉，现代社会不适合吃杂烩：一来家里人太少；二来太费时间，谁让现在是一个快速奔跑的快餐时代呢！

酸辣里脊，一听名字，味道就出来了：既酸又辣。

"南甜、北咸，东辣、西酸"是中国饮食地理差异性的扼要概括。而甘肃天水，既有北之形，亦有西之态，所以，在饮食上也就有点既酸又辣的特征。而酸辣里脊恰好是这种特征的典型性菜肴。至于酸与辣孰轻孰重，吃了才知道。我的外地朋友来了，几乎每次我都要点酸辣里脊。他们还没动筷，我都会主动简单地介绍一下，然后让他们品尝。我口才不好，所以每次说的，也无非都是这样几句话："这是一道天水传统菜，有些历史了，既酸且辣，不信，你可以尝尝？"味道好不好，只有远方的朋友说了算，但是我都已经把它们点上桌子了，他们还有什么话说呢？

这里顺便说说天水的另一道菜，当然和酸辣里脊有点关系，或者说它就是酸辣里脊的"亲妹妹"。它是糖醋里脊。前面说了，酸辣里脊代表了天水这座西北内陆城市的地理特征，而糖醋里脊呢，和酸辣里脊一样，也代表了天水的另一种地理特征——天水虽在陇上，但气候湿润，有江南之味——所以说，糖醋里脊代表的是天水的江南气质。但为什么糖醋里脊不在天水饮食的"老三片"之列呢？我想，尽管天水有"陇上小江南"之称，但毕竟还在陇上，其江南色彩肯定不是主流文化，所以"老三片"里也就不会有它的影子。

最后说说炮仗肉。

几年前，我去一位画家朋友的家里，他母亲是个"老天水"，给我们做了一顿炮仗肉，极好吃。记得那天老人家忙了整整一个下午，直到天黑下来，我们才把炮仗肉吃到嘴里——做一顿炮仗肉，和天水杂烩一比，更费时间。所以，天水市大大小小饭店的菜单上，已经难觅它的影子：一来时间的成本不好计算；二来将时间成本计入菜价，未必有人买账。所以，想吃炮仗肉，还得找一户天水西关的老户人家。

如果碰上一位在天水土生土长的老妇人亲自下厨做，味道一定会很美。

关于炮仗肉，我食之太少，没有信心说清楚，就随手从书架上取下一本由甘肃文化出版社出版的《天水菜肴》——"天水地方志"丛书之一种，录其炮仗肉一节，算是偷懒，也算是借专业人士之口成我美文吧。兹抄录于下：

主料：瘦猪肉 150 克。

辅料：猪网油 30 克，鸡蛋 1 个，湿淀粉、干辣椒丝、葱、蒜末、木耳、玉兰片、青椒丁、精盐、花椒粉、料酒、白糖、味醋、胡椒粉各适量，精炼油 1 000 克（实耗 50 克）。

制法：1.将猪瘦肉剁细加精盐、花椒粉、料酒、鸡蛋、湿淀粉，拌匀成馅。2.锅置火上烧开水，将网油焯水捞出，平铺菜墩上放肉馅卷成一指长的段，挂上水粉糊。3. 锅置火上放油热到五六成时,逐个放入爆竹肉,炸熟,待油温上升再复炸一次捞出,摆放盘里。4. 锅里放少许油,蒜末炝锅,加味醋、白糖、精盐、鸡汤,水淀粉勾芡,盛在碗里,成糖醋味,为一吃。锅里放油少许,干辣椒、蒜末、葱丁炝锅,放玉兰片、木耳、青椒丁略炒,加味醋、精盐、胡椒粉、鸡汤,水淀粉勾芡。出锅盛在碗里,成酸辣味,为二吃。按椒粉、精盐一比三的比例拌匀,成椒盐味,为三吃。

特点:色泽金黄,酸甜苦辣,鲜香味浓,外酥里嫩。

关于这段说明文字,我从来没有实践过,但看了不下十遍,每每读之,如同吃了一次,历尽酸、甜、苦、辣之味的洗礼。你别说,酸、甜、苦、辣味味皆有,正是炮仗肉的特点,这多像生活的味道啊!所以,要是哪位家长想教育孩子懂得生活的味道时,可以把此菜做给他吃,然后告诉他:“这就是生活。”

也许,这可能要比念一遍北岛的那首著名短诗来得更直观些。

天水的“老三片”,我说完了。

像给尊敬的领导们做报告一样,我得在这儿再总结两句吧。

这“老三片”,都和猪肉搭点边,或者说关系还挺大的。这一点,又让我胡思乱想了——莫非,这和天水历史上有一个著名的猪羊市有关。猪羊市里的羊,让天水的回民们吃涮羊肉,吃手抓羊肉,吃羊肉泡馍;猪羊市里的猪呢,就让汉民们做成杂烩、酸辣里脊和炮仗肉了,久而久之,家家做开了,于是乎成了天水的"老三片"。关于猪羊市,我曾写过一篇《天水版的〈清明上河图〉》,这里就不多说了。我想总结的另外一条,就是现在的天水城,能做出地地道道的天水"老三片"的酒店饭馆,似乎越来越少了——不是似乎,应该是的确!他们大都在做川菜、粤菜、鲁菜的生意。前几天,又有一家湘菜馆隆重开业了。所以,我真担心,有一天,天水饮食史上的"老三片"将会失传。当然,我这样的担心不是杞人忧天,而是这种令人心有戚戚焉的事在天水已经发生了——天水的茜毡、丝线等手艺已经失传了。

　　唉,我真该用心把"老三片"学会,既饱了自己的口福,也不枉在天水生活这么多年。

冬至吃饺子，饺子吃毕，就等着喝腊八粥了。这是我儿时的记忆。

这一天，天麻麻亮，母亲就早早地下炕，去厨房忙碌开了。她一个人，在油灯点亮的厨房里，洗米，泡果，剥皮，去核，精拣，像是一个人在默默地进行着一种极其威严的仪式似的。稍后，母亲开始烧火煮粥。她在一大锅粥里，放进红枣、核桃仁、杏仁、花生仁，好像还有胡萝卜丁。等到太阳升起来的时候，一锅粥也差不多就好了。有几年，记得母亲会在腊月初七的晚上，早早踏上了腊八粥之旅。一个晚上，腊八粥都用文火炖着。炉膛里的火，星星点点地亮着。听锅里煮得"吧嗒""吧嗒"地响，真是好听。"腊月八，家家煮得吧嗒嗒"，这句家乡的谚言，形象，生动，又明白如话，言外之意大概是说腊八是年前最重要的节令,这一天,几乎家家都要做腊八粥。

我小时候,家家都穷,一顿腊八粥,几乎是一户穷苦人家粗茶淡饭的改善。平时,顿顿都是面食,鲜有米饭,但再穷的人家,在腊八这一天,也要凑点钱,买些米及佐料回来,做一顿像模像样的粥。其实,就是现在,在北方偏远落后的乡村,有不少人家,一年四季也是上顿白面下顿白面,很少去吃米饭——一方面,一方水土一方饮食,是饮食习惯使然,但与穷也有关系。我甚至想,在富庶南方的穷人家里,他们一定也很少花钱去吃面粉。当然,这种猜测不一定对。

善良的母亲总会把做好的腊八粥端一些送人。看着母亲一碗一碗地端出,我和哥哥舍不得,就不高兴起来:"连锅端走算了!"

母亲急了,总会劝:"大家吃,香!"

后来,读到南宋诗人陆游"今朝佛粥交相馈,更觉江村节物新"的诗句时,我开始怀疑,是不是家乡原本就有腊八粥相送的习俗呢? 如果有,那一定是寓意一年之末的团圆和来年的风调雨顺!

喝粥的早晨,韵味悠长,记忆犹新。我们姐弟三人,一人一碗,在热热的土炕上,腿上还捂着被子,使劲地喝,生怕下一碗会舀不上,像是在抢。"紧腊月,慢正月,不紧不慢的二三月",这是家乡的谚语。也许有些道理,想想寒风凛冽的腊月,为盛大隆重的年事而忙,时间自然觉着飞快。不过,再紧再忙,腊月八这一天,还得认认真真地吃一顿腊八粥。吃毕，腊月里剩下的日子，一天比一天走得急，像黑夜里赶路的人，埋头只顾往春节走。

这么一想，腊八粥，像一场腊月里的盛宴，像一朵开放在寒冬腊月里的花，朴素，而且生动。

　　我总是固执地认为，一年的春天，是从槐芽吐绿开始的。为什么呢？因为北方多槐树，小时候吃的槐芽菜实在是太多了。

　　春天，万物生长，树木当然也要发芽吐绿。应了"靠山吃山，靠水吃水"这句老话，家乡的人常常以槐芽为菜。记忆里，每年春天，当槐芽在经历了秋的萧瑟与冬之严寒终于吐出嫩嫩的绿色时，我们就会手挎竹篮，去塬上或者沟里采槐芽。母亲把摘来的槐芽洗净，焯熟，复又凉拌。在故乡，这是一道上好的凉菜。它的好，在当年绝非是沾了纯正的绿色食品的光，而是家家都穷，吃不上别的菜，就只能以槐芽为美了。其实，除了吃槐芽，还吃韭菜。杜甫有"夜雨剪春韭，新炊间黄粱"的诗句。这说的是中原一带的吃法。韭菜在西北的吃法既多,且讲究韭菜的新鲜,最好的当然是"头刀韭芽"。头刀韭芽其实就是春天里割下的第一茬韭菜。家乡谚语曰:"头刀的韭芽二锅的面。"头刀的韭芽既好看又好吃,根白,像一截玉;叶子又宛似翡翠。如此春韭,只要一看,就能让人想起一个女人的少女时光。

当然,春天里也要捡地软儿吃。地软儿的学名叫地衣,一种菌类植物。春雪尚未消尽的时候,它们就来到了北方大地,蜷缩在还有点枯黄的野草中。和我一般年纪的人,若在乡下生活过,大抵都有捡地软儿的经历。记得出门前,母亲总会叮嘱一番,说羊粪多的地方地软儿多。地软儿蓬松,一大朵儿,好看。地软儿洗净后,看起来幽黑发亮,像木耳。用它做成素馅包子,极好吃。

整个春天,即使身在北方,也能如此绿油油地吃上一番。等槐芽长大长老,到了再不能食用凉拌的时候,槐花就艳艳地开了。这时候,夏天也就快到了。

一个北方人的夏天,常常是从一碗杏茶开始的。

杏茶,其实就是杏仁茶。把杏仁在温水里泡得褪了皮也没了苦味的时候,用老石磨再磨成杏仁浆,复和开水比例恰当地煮在一起,加入盐和小茴香粉,就好了。几乎在北方所有的早点摊上,都能看到杏茶的影子。小摊前,支起一个小火炉,一大锅杏茶呼呼地冒着热气。可这热气,却是清热败火的热气。因为杏茶清火,这才是人们在夏天喝它的真正理由。

忆及夏天,我一直对家乡的清炒辣椒念念不忘。

秋天的北方，大地沉浸在一派收获的喜庆里。闲下来的人们，也有工夫缓慢地分享这份喜悦了。所以，秋天的美食都是一些慢活，需要费些时间，慢慢地在厨房做。记忆里，吃得最多的是核桃丸子。这当然和核桃的成熟期有关。在天水老城西关的一户人家，我见过一位秉承了这座老城美食手艺的老人做核桃丸子的情景，烦琐，费时。但最后品尝到她把一颗颗从小陇山采来的鲜核桃做成形似核桃的丸子时，那酥烂味醇的口感，至今让人回味无穷。

核桃丸子的主料，当然是核桃，但也要以猪瘦肉、鸡蛋为辅。它的大致做法是先将猪肉剁成细泥，加入少许蛋清、盐及花椒粉，再与剁碎的鲜核桃仁拌成馅，用肉泥做成圆形皮，包入馅心，再做成核桃状的圆球，入锅，炸熟，至颜色转金黄时捞出，再放入有鸡汤、木耳、玉兰片、菠菜的锅里，用湿淀粉勾流水芡，浇淋丸子上，即成。

如果不嫌麻烦，还可以做松子鸡。

几乎是和核桃同时熟了的松子，可单独炒了吃，亦可入菜。如果和鸡脯肉、少量的猪肉凑到一起，还能做成一款风味别致的松子鸡。不知道在以鸡命名的菜肴里加入猪肉算不算西北特色，但有一点是确切的，那就是上好的松子鸡食之清远，视之色白，汤清味深。这些年，我下乡时，经常能吃到民间庄户人家的松子鸡，可能因了松子是新鲜的，鸡也是地道的土鸡的缘故，所以，每一次与松子鸡不期而遇，都会成为我难忘的美食记忆。偶尔，还会就着松子鸡，喝几杯他们自酿的玉米酒，一口肉，一杯酒，生活的富足无非如此，哪管什么功名利禄。若是晚上再有兴趣赏赏月,那就更美了。

一个久居高原的人,冬天里没有羊肉几乎是不行的。

依中医的说法,羊肉味甘不腻,性温不燥,有暖中祛寒、温补气血、开胃健脾之功效。其实,北方人喜食羊肉,在滋补身体之余,尚有抵御风寒的深长意味。所以,寒风凛冽的冬天早晨,在上班的路上,拐进一条老巷,在一长条桌前坐定,店主就会用一海碗羊肉汤,再加羊油,然后再把羊肉剁碎装碗,撒一撮葱花、香菜,外加一个刚出炉的热饼子,即可享用一碗美味的水盆羊肉了。

如果说这是一个人的早点的话,那晚上,一家人围着一口铜锅,汤里炖着羊肉,再加一点豆腐,或者别的菜,热气腾腾地吃,特别有家的温暖。

一个冬天,就这样热火朝天地过去了。

一年,也就这样凡俗地过去了。

但回头一想,竟然发现自己的这趟美食回忆之旅应验了两千年前孔子说过的那句"不时,不食"。说白了,这其实是一个关乎时令菜的话题。在中医经典著作《黄帝内经》里,也曾有过"食岁谷"的告诫,建议人们多吃时令菜。可惜的是,在这个加速度的时代里,反季节蔬菜大行其道,并且常常和我们在豪华的包厢里不期而遇。这样的情形,真是应验了老子的那句"祸兮福所倚,福兮祸所伏"。

也许,古人就是比我们聪明不少。

年夜饭

厨房里的肉香味,穿过木格子窗户,飘荡在院子上空,弥久不散。那股混合了大香、草果、白附子以及其他佐料的香味,让大年三十的这个黄昏,更加意味悠长了。我一次次地钻进厨房,背着祖母揭开锅盖,看看那口大锅里翻滚着的骨头。严厉的祖父,还是拉上我去接先人。这是年夜饭前的重大仪式,也是一户西北人家过年的大事——只有把列祖列宗从遥远的墓地接回来,年夜饭才能开始,一家人才算真正团圆了。

回来的时候,祖母早早地就在土炕上摆好了小炕桌,梨木的。

但先不吃肉,像是故意卖关子似的,一人一碗浆水面。这是穷人的饭,天天吃,年三十还吃,用祖母的话说,"是给好好吃肉垫个底"！后来我才知道了祖母的"良苦用心"：先清淡，后油腻，再说免得馋了好久的小孩子们大快朵颐于肉食时坏了肚子。简单、平凡、普通的浆水面，如同拉开年夜饭的序幕。旋即，院子里开始放起了鞭炮，嘭啪一响，祖母才从厨房里笑盈盈地把一大盆堆得高高的肉端出来，年夜饭才算开始了。一盆热气腾腾的肉，一罐加了盐的蒜泥！年年如此，年年如此简单，这就是我的除夕夜，我的年夜饭。没有饺子，没有祝福的言辞，也不看中央电视台晚上 8 点准时开始的春节联欢晚会——那时候家里穷，还没有电视。后来有了电视，我们也很少看。祖父发现谁在看，就用鄙视的眼光瞅一眼，说："那有什么好看的，没有肉好！"只有肉，只有一家人老老小小男男女女围着一盆肉盘腿而坐，不禁发出的津津有味的声音，才是年味儿。

　　吃毕肉，稍稍收拾，端上几盘凉菜，开始喝酒啦。每年，梨木炕桌上总会出现凉拌胡萝卜丝、油炸花生米这些下酒菜，还有一点水果和盐水炒的瓜子。祖父善饮，一个人能喝大半瓶。他常常不管别人自顾自地喝。喝一会儿，祖母就去抢酒盅："娃他爹，把你喝下场了，咋办？""下场了"是方言，意即死了。但他还是接着喝。祖母一辈子似乎管不住他喝酒抽烟。祖父的脸上有些微红，这是他喝多的标志。这时候，他常常会一个人先去睡了。

　　带上门时，他还要说一句："今晚大家喝好啊！"

　　他分明是高兴的。作为一个家族的"掌舵人"，他看着老老少少男男女女一家人齐聚一堂，热闹，亲切，和睦，还请来了看似无影无踪实则无处不在的列祖列宗,他当然心里爽快。祖父提前离了席,但每年总有两样活动要进行,像是年夜饭的尾声似的:其一是嗍猪尾巴,其二是夹门扇。

嗍猪尾巴,其实在大家围锅吃肉时就开始了。家里的小孩子如果常流口水,那就在除夕夜,特意煮一条猪尾巴,让他一遍接一遍地嗍。据说,此法可治孩子流口水。至今,我也不知道在医学上有没有根据,但在家乡,多少年来一直风靡不息,而且,据说效果还奇佳。我小时候,有好几年就嗍过猪尾巴,那味道现在忘了,但想起人家吃肉我连汤都喝不成只握着一个猪尾巴嗍来嗍去,实在是好笑又好气。现在,我怀疑那时候常流口水,是不是跟饮食的贫乏有关呢?

夹门扇,就是哪个孩子个子长得不高,或者长得不快,就在大年三十晚上,等大人们吃完肉,就把他夹在将闭未闭的主房门扇里,一人在里,一人在外,一个执头,一人提脚,像拉皮筋似的往两头拉,而且边拉边喊,一个说:“长着吗?”“长着哩!”另一个答道。

一问一答声里,屋内笑语飘飘,欢乐融融。如此者反复三五次,就停下来。被夹了门扇的孩子,开始给长辈们一一磕头,讨要红包了。

也许,这两样风俗,如今在家乡已经雪泥鸿爪了。因为,这毕竟是一个传统消亡的时代。

吃节酒

南方人善茶，把喝茶美其名曰吃茶，一个"吃"字，闲情和逸趣就出来了；北方人善酒，一杯端起，"咕咕咕"一喝，再来一杯，像《水浒传》里的英雄好汉，所以直截了当地叫喝酒——酒与喝连在一起，豪气、雄壮和野性之味就有了。但老家的吃节酒，把酒和吃连在一起，有些风马牛不相及，一般人会按字面理解成关于酒的一种温文尔雅的喝法，实则不然。

吃节酒，是土塬流行多年的一种乡随——乡随者，风俗也，即过大年时，在始于正月初二终于正月十五元宵节的一段时间里，把村里上一年度（当然以阴历计算）娶进来的媳妇请到自己家里，主人以上好的饭菜招待她们一天，以示祝福。

百余来户人家的村子，一年娶进来的媳妇最多就是十来个，要是家家请，是请不过来的，因为正月十五一过，就不再请吃节酒了。因为时间的限制，请新媳妇们吃节酒就得动身早。一般是前一天先去家里轮流去请，第二天一大早再去"抢"。之所以动用"抢"这个字，是因为去迟了，往往会被另一户人家请走。小时候，我曾和母亲一起去"抢"过。母亲怕黑，不敢走夜路，我给她做伴。正月里的清晨五六点钟，天不是麻麻亮，而是黑漆漆的，是伸手不见五指的黑。我和母亲拿着手电筒，早早地去敲新媳妇家的门，把她们往我家里请。临到请最后一个时，天已大亮，也恰巧碰上了"对手"——和我家同一天请吃节酒的人家。最后，我和母亲硬是把她拉到了我家的土炕上。

请来的媳妇要坐在炕上，等着主人做好饭菜。她们是不下厨也不动手的，这是规矩；一天三顿，一顿都不能少，一顿也不能多，这也是规矩。仔细想想，这样的待遇真是不低呀，多像衣来伸手饭来张口的富贵生活。但过了正月十五，她们却要像男人一样，下地干活，出力卖劲。谁让她们嫁到这里呢？所以，请吃节酒，像是她们婚礼的一种延续，传递着一份荣耀。当然，要是谁家的媳妇没被请去吃节酒的话，则是一件丢人的事——丢的不是新媳妇的人，而是婆婆和公公的人，因为借此能看出他们一家人平素在村子里的为人，是多么不好。——顺便提一句，吃节酒带来的间接作用，是让新媳妇们面对面地坐在一起，像是交朋友。命运把她们嫁给了同一个村子，往后的岁月得吃同一眼泉水，得走同一条弯曲的山路,得种同样的坡地,她们只能是好朋友啦!当她们像好朋友一样有说有笑地吃毕三餐,稍坐片刻,就回家;也有家里人来接的,来时不能两手空空,会带点小礼品,如腊月里炸的油果果,算是回谢。

一帮子新媳妇吃饭,看似与酒无关,其实有关。那天,主人家的炕桌上必定是有酒的,主人敬时,新媳妇都得喝,不喝不行,这是规矩。她们来时,婆婆会早早地嘱托她们的,因为不喝,就会坏了主人的心意。有一次,一户人家请吃节酒,其中有个媳妇,被一杯酒给喝醉了。喝醉了不好,这又是规矩。但在我看来,醉了无妨,谁说女人不能醉酒?

我小的时候,民风比现在淳朴敦厚。几乎家家请新媳妇们吃节酒,因此就难免"抢"。这些年,市场经济的大风也吹到了老家,慢慢地,不再是家家都请了。一般是亲房先请,他们也是必请的,要不落下个亲房不和的话柄来;其次,就是近一两年里打算娶媳妇的人家,算是给自己铺铺路,等自家的新媳妇娶进门也就有人请了。这像散文里的伏笔,也像一笔提前预付的小额款项,等以后支取罢了。

唉,老家的人也像城里人,变得实际起来了。

想想,十几位穿着大红棉袄或者大绿棉袄的新媳妇,坐在早就煨热的土炕上,笑意盈盈,端庄淑雅,多美的意境啊。和春节里扭秧歌、耍狮子这些动感十足的民俗风情相比,吃节酒宛如时间在春节这张宣纸上随意泼出的一张春歌图,娴静中弥散出喜庆和祝福,让整个莽莽土塬温柔了起来。

回忆扁食

清水，是天水下辖的一个县。

相对来说，清水县穷一些，但清水人老实些，和甘谷县、武山县相比，生意的头脑不是那么活络，他们不会投机，也不会讲讨巧的话，他们更愿意守着自己向阳的小村庄，种几亩薄田，务几亩果园，过自己的小日子。我在天水生活时，因为工作需要，经常下乡，清水县就是我最喜欢去的一个地方。每次去，在田间地头、屋前房后见到的那一张张布满皱纹的面孔，总让人恍若回到家乡杨家岘，有着别样的亲切与熟悉。

当然，我也是冲着一碗地道的扁食去的。

扁食，这个名字不少人听起来，好像怪怪的，一定有不少人不知此为何物。其实，它的历史也不短，算一种古老的食品了，大概是从南北朝至唐代时期的"偃月形馄饨"、宋代的"馍肉双下角子"演变而来的。清代的史料里就有记载："元旦子时年复届初一，无论贫贵富贱，皆以白面做扁食食之，谓之煮饽饽。举国皆然，无不同也。"在北方，很多地方称其为馄饨，南方的广东却叫云吞，四川又叫抄手。为什么清水独独曰扁食，我请教过好几位地方史地专家，似乎都说不出个所以然来，索性也就不探究了。不过，随着时代的发展，清水扁食的烹调方式、食材，逐渐融入当地的饮食特色，加上清水是个回汉杂居的地方，所以，扁食呈现的最明显的特点，就是有荤素之别。

先说荤扁食。

荤扁食的烹制，大抵有炒、包、煮、调四个步骤。炒，就是取上好的五花肉，切成一厘米厚薄的长条，一刀一刀再切成肉丁，配以盐、醋、酱油、料酒等各种调料腌制片刻，再用慢火炒制，火候要不大不小，大则煳，小则无色；包，是先将手擀的面切成大小合适的梯形面片，放一沓面片在手掌上，抓少许韭菜末，一折、一挑、一弯、一捏，像变魔术般包成耳朵状的扁食；煮，要煮得恰到好处，滚两次水，即可出锅；调，就是将盛在碗里的扁食浇上精心炒制的大肉臊子，放些许葱花，调上油泼辣子、醋、盐，一碗色、香、味俱佳的清水荤扁食便呈现在你的面前。

与荤扁食相比，素扁食突出两个字：清淡。素扁食多以芹菜、萝卜、豆腐、韭菜为馅，捞在碗里，配以豆芽、菠菜等，浇上一勺纯胡麻油，调上辣椒、醋、盐即可食用。

有一年，我去清水下乡，目的地是一个极偏远的小山村，中午就吃他们自己包的扁食。村支书召唤来了三个妇女，她们包扁食的速度真是飞快，三个女人挤在一间并不宽敞的厨房里，一手拿着切好的梯形状的面片，一手撮起适量的韭菜末放进面片里，将馅料完全包裹住，再将面片上下对折黏合在一起，最后用手将面片边缘捏紧。一颗小小的扁食就摆到了案板上——一排一排的，整整齐齐，看上去极可爱——本来，扁食的样子就有点像猫耳朵，极好看。

清水东部的山门、秦亭一带，盛产大麻，当地村民就地取材，将麻籽仁和豆腐合而为馅——名曰麻腐扁食——堪称清水扁食中的珍品。我见过一个平时特别温文尔雅的市领导，有次中午吃了四碗麻腐扁食，把陪同的乡镇干部一下子给怔住了。

好吃的秘诀是在哪里？

炒锅醋矣！

扁食的醋，不是简单地把镇江的恒顺牌醋调进去，而是用当地自酿的醋。武山四门乡的醋，或者礼县盐关的醋，基本上是标配。而且，要炝成熟醋。锅里少量熟油，趁热，把切好的一大把葱花扔进锅里，翻炒两三下，立马倒进一大碗醋，约莫两三分钟后，等醋煮开，出锅，瞬间，醋的那股醇香扑鼻而来，只叫人垂涎欲滴。这样的"炝锅醋"让醋的醇香和葱花的辛辣味刚好达到中和状态，醋既没有之前那么酸，也有一种让人舌根回味的浓香。

其实，好的美食就是有一种让人吃到撑破肚皮的魔力。

而清水本地人一定不会这样吃,因为他们世俗而普通的每一天就是从一碗热气腾腾的扁食开始的。天天吃,有什么好急的呢。清水,这名字听着也好听,和扁食配在一起更好听。清水扁食,清清的水里煮出来的扁食,有清澈透亮之感,仿佛在混沌人世间碰到了洗心之物。写到这里,我不禁怀念起那些在清水下乡的日子。

松花蜜

读明代画家陈淳的《松石萱花图》,有满目的金粉哗哗落地的感觉,要是有一场飒然而起的秋风,松花一定会落满双脚。这样的景致,大约山民们都是有过的,他们会踩着一地的松花,荷锄回家。如此诗意的经历,其实也是松花的尾声部分,或者说,松花满地,也是松花走到它的晚年了。

而它的风华正茂,当是每年的二三月份了。《本草纲目》载:"松树磥砢修耸多节,其皮粗厚有鳞形,其叶后凋。二三月抽蕤生花,长四五寸,采其花蕊为松黄。结实状如猪心,叠成鳞砌,秋老则子长鳞裂。然叶有二针、三针、五针之别。"松树开花的时候,花似金色,又像红色,或介于两者之间的颜色,有一种变幻不定的美感,让你捉摸不定。这样的美好景色,现在的城里人是感觉不到的。而深居关山深处的家家户户,都是能够免费看到的。

一想起他们能够看到松花,就觉着他们是有福的。

他们更加有福的是,年年还能吃到松花蜜。

提起蜂蜜,一个北方人常常吃的当是油菜花蜜、槐花蜜,还有秋天里的荞花蜜。松花蜜已经是一份稀罕物了,因为北方哪有那么多的松林呀。可关山有,葳蕤成林,所以,松花蜜多的是。

我在陕西陇县和甘肃张家川交界的关山深处,见到了一位养蜂人。他有四十多箱蜜蜂,他采取的还是一种古老的方式。在一面向阳的土坡上安营扎寨,四周用木栅围起来以免牲畜、飞禽进来影响环境。桦木做成的蜂槽,长约七八十厘米,形状呈里宽两头窄,下方有一小口,养蜂人说那是为了蜜蜂排便,侧面的一个小口是蜜蜂进出的大门。松花蜜有生蜜和熟蜜之分,上好的熟蜜,白里透绿,香味扑鼻,呈颗粒状,香甜可口,是集营养、药用为一体的佳品,同时也是无任何污染的绿色食品。

松花蜜采来了,关山深处的人怎么吃?

就着蜜,吃油香。

油香又是什么呢?

油香,又称香香锅或油饼,是一种又圆又厚的油炸面饼。油香是回族人节日和庆典中必吃的一种传统食品,凡是回族聚居的地方,都有吃油香的习俗,特别是每逢开斋节、古尔邦节、圣纪节等,家家户户都要炸油香,并且还要馈赠邻里乡亲。在回族民间还流传着《古尔邦节炸油香》的歌谣。油香皮薄脆,内软润,做工精细,用料讲究,操作者必须掌握好放底油、揉面和油锅火候等几个关口。因此,回族在炸油香时,一般都要请年长的、有经验的人来掌锅。

炸好的油香出锅后,放入大盘,然后,就着熟松花蜜吃。

几年前,我曾在长宁驿的一家客栈里就着松花蜜吃过油香,那个香呵,有一种来自大自然的气息。客栈的主人说,现在,松花蜜越来越少了。

是呀,高寒植物的松树,蜜蜂是难以在这样的环境里生存下来的。所以,松花蜜的产量不高,而现在市面上却有大量的松花蜜出售,听客栈的厨师说,那都是人工采集的,或者是假的。

松花蜜

十
三
花

十三花是一种什么花?

去过云南的细心人,可能会以为是一种药:十三年花。十三年花当然不是开了十三年的花,而是分布在云南一带的紫云菜的根与叶,有清热利湿、镇惊安神之功效,可入药。它和十三花虽一字之差,却风马牛不相及——十三年花是一味中药,而十三花则是流传于西北一带回族聚居区的一桌传统菜肴。

为什么是"一桌"呢?

十三花不是一道具体的菜,而是一桌菜的统称。那为什么这一桌不多不少,偏偏就是十三道菜? 当然,这与传统有关,与历史有关。说白了,饮食受地理影响,更是传统与历史的显影,就像我们端午节吃粽子、中秋节吃月饼一样。

这些年我在大西北跑来跑去，也约略知道一点十三花的来历。有一年，河州一带的一位大教主马哈吉给儿子办喜事，大小官吏纷纷道贺。马哈吉特意聘请当地的名厨制作了四个凉菜九个热菜款待来宾。他本是随意为之，不料，后来有官宦富商争相效仿，于是，十三花开始在西北一带的回民聚居区用以招呼最尊贵的客人，一跃而成为回民的"满汉全席"，且经久不衰。

十三花又叫九碗十三花。所谓九碗，是十三花的"固定曲目"。这九碗也因地而异，但大体上不外乎肉团炖蛋、白水煮牛肉、碗蒸羊羔肉、特色八宝饭等以牛、羊、鸡肉为主的食品，且典型特点是多蒸、少炸、少炒。而桌上四边摆放的四碟凉菜，就是十三花的"流动曲目"，它随季节而变，因地域而异。

吃十三花，能让人想起世界第八大奇迹的秦兵马俑，因为摆放得实在太整齐了。一个大且方的红色托盘里，置九个大小一样、颜色相同的碗，九个碗还要摆成每边三碗的正方形——不管你从哪个方向看去，都是每行三碗。碗，多是清一色的蓝边碗，据说以前多用黑碗和紫红色的碗。更有意思的是，十三花的上菜颇有名堂——先上四个角的菜，名曰"角肉"；再上四个边的菜，其中对面的两碗菜名要对称，叫"门子"——"门子"菜的菜名可以相近，但花样、原料要有所区别，比如西边是牛肉则东边就是羊肉；最后一碗菜，一般是传统的八宝饭。

2009 年的秋天，我探访关山古道时，在偏远的一户人家,吃到了地道的十三花。主人家办婚事,婚事简单而隆重。简单之处在于宾客不多,只邀请了亲戚邻居;隆重之处在于每桌都是清一色的十三花。据说,在当地,家境不好的人家只给新娘的娘家人上十三花。那天早晨,我亲眼看到了主人为一只只待宰的羊虔诚念赞的场景,也目睹了一位民间厨师在热气腾腾的厨房里忙前忙后的样子。

如果说十三花是一朵质朴的饮食之花,那么在厨房里汗流浃背仍然戴着白帽帽的中年男子,就是大地上最优秀的园艺师。

一提起烤全羊，人们总会想到那是内蒙古或者新疆的特色食品。这样的联想也对，因为它的确是这些地方的传统美食之一，也不全对的地方在于，饮食作为一种文化——既然是文化，就不可能故步自封，就会传播，并且能寻找到同样适合自己的地方。

烤全羊亦然。

但是，不管如何传播，那些常常把私家车停在一座富丽堂皇的大酒店的门口，然后钻进服务生毕恭毕敬立前站后的包厢里吃烤全羊的都市人，即便在他们看来大快朵颐，但这样的食法想来也实在无趣——吃烤全羊，当在野外，林场或者牧场都行。也许，这样的吃法可能不符合消防法规的严格规定，但实在是吃烤全羊的佳境。

在一片并不需要多大的草地上席地而坐,看一位回族、维吾尔族或者蒙古族的师傅开始给你量身制作了。先将一只在料水中浸泡过的羊坯,捆绑在已经支好的烧烤架上,点火,开烤。其后的秘密,常人是看不来的。据说,一个烤羊师有一个烤羊师的手法——烤羊师这个名字也真好听。其实,从调整火堆位置,再到刷油以及修整,都是一个烤羊师手艺的一部分。烤好后的卸羊,让人能想起古代的庖丁解牛。一个优秀的烤羊师会在两分钟之内完成整个卸羊的繁复过程,并且会在包括卸羊的五分钟以内将鲜美的羊肉摆放在食客面前。看这个过程,如看一出大戏,有水落石出的美妙之感。

烤全羊的羊,最好不过的是肥臀羊。据说,新疆产的阿勒泰羊,是哈萨克羊的一个分支,其肉质鲜美,且无膻味。我游历不多,虽未食之却心向往之。

当然,这样的场景如果是在夜晚,则更好。这也就是吃烤全羊的极境了。

月光似水,倾泻而来;点点星星,光落树林。所坐之侧,有一堆为你点燃的篝火,火焰跳动,白桦木的气息弥散开来,如同回到一个久远的时代;更远处,有一条不知名的小溪哗哗流淌,流向夜色里的远方。两三知己,面对面,吃一块肉,喝一小口酒,兴致来了,围着篝火跳跳舞——即便不会跳,可能也会自然而然地跳起来,才算不枉了那堆火的无言邀请。古人有"醉翁之意不在酒"之说,其实,吃一款美味,比如烤全羊,其旨意不全在于一块烤过的羊肉,而在于一个由月光、星星、燃起的篝火以及即兴而起的舞蹈所集体构成的美好夜晚。待星辰退去,篝火熄灭,一个夜晚走在迎接晨曦的路上,一个食过烤全羊的人,做着大地的香甜之梦。

其实,这是我 2007 年的夏天在关山草原所经历的一个夜晚。现在说出来,如同一朵开在昨天的记忆之花,被孜然的浓烈味道紧紧地包裹着。

陇南·平凉·庆阳

陇南是甘肃之南，康县是陇南之南，所以，康县就是甘肃的最南端了。这里是陕甘川三省交界之地，自古又是羌、氐等少数民族的聚居地，所以，康县的风土人情处处闪烁着异域之美，比如这里有女婚男嫁的奇特婚俗，有与《阿诗玛》《格萨尔》相媲美的特色民歌《木笼歌》，而在美食上，这里有一种连茶学界权威人士都闻所未闻的茶：面茶。

这些年，我写过一些茶的小文章，也出版过一两种关于茶的小集子，以至于不少人称我为茶文化学者。其实，茶文化博大精深，我哪是什么学者，只是装腔作势一下罢了。我在甘肃生活三十余年，第一次听到陇南云台的面茶也是两三年前的事，当时大为惊讶，请教数位茶学界专家和人类学教授，他们也是一时难下结论。在这份好奇心的驱使下，我有了一次云台之行——是的,我无意于康县的秀丽山水,只想一睹面茶的真容。

云台,康县北部的一个偏远的小镇。

在当地朋友的带领下,我们走进了一户院舍整洁的人家。主人憨厚纯朴,见面只是微微一笑,话也不多。他已知我们的来意,说:"让掌柜的给你们做。""掌柜的",在西北是对一家主事之人的尊称。同行者和主人在院子里开始闲聊喝茶,喝的是本地产的毛尖。需要补充的是,不少人以为甘肃不产茶,其实,甘肃陇南也是茶区,而且品质相当不错,这应该是中国最西北的产茶区吧。我去厨房看"掌柜的"做面茶。第一道工序是炒调料——她把这个烦琐的过程称为炒"调和",即用清油、精盐、葱花依次炒完鸡蛋、豆腐、切碎去皮的核桃仁以及小麦粉。她告诉我,"调和"炒得好,一碗面茶也就差不到哪里去。但"调和"难炒,鸡蛋要炒得嫩,豆腐丁要炒成金黄色,核桃仁要炒得脆,面粉要炒得熟。炒好"调和",在案板的另一侧置一大一小两只陶罐。她先在小罐中用清油、盐将茶叶炒熟,之后加水煮茶,然后在大陶罐中以红葱皮、花椒叶、茴香、生姜片为底料,加水煮沸,复将刚才炒熟的麦面粉加入一勺,再将小罐内的茶水注入,用竹筷边搅边煮,四五分钟后,滤出面茶流汁,盛入小碗,依次将刚刚炒好的"调和"适量置入。

一碗面茶,就好了。

女主人手法娴熟,动作连贯,做得不慌不忙,气定神闲。

她躬身往炉膛里添柴火,陶罐里冒着热气,过了一会儿，开始咕嘟咕嘟地翻着热浪，她就用竹筷把茶叶一一压回去。这个过程能让人想到中国大地上的母亲是多么不容易。而当我夸赞时，她一脸羞涩，怯怯地说："穷人家的饭，你们不嫌弃就好。"

我不禁纳闷，在我眼里别有风味的"茶"，为什么被她称为"饭"呢？

在云台，我发现，面茶几乎是他们清一色的早餐，食饮相兼，既可以连喝数碗，也可以充当一顿早饭，浓香可口，老少咸宜。而且，面茶不仅云台有，周边的大南峪、迷坝、三官等西秦岭南麓的乡镇都很流行，甚至连毗邻的陕西略阳亦有此俗。不过，云台人把面茶从来不喊茶，而是要么称为饭，要么叫作"三层楼"。为什么会有如此大俗大雅的名字呢？因为一碗面茶里，上面漂浮着鸡蛋、葱花、油锅渣，中间悬着核桃仁，豆腐丁沉入碗底，故而如此形象地命名。

当然，一碗上好的面茶，是浑然一体的，不会如此决然分开。

面茶的历史已经无从考证了。但我想，这一定和中国古代茶马古道的形成有关。康县的云台、窑坪一带，本身就是茶马古道的一条分支。这里还有上千年的老鹰茶树，而且，康县就出土过镌有"茶马贩通商捷路"的碑刻，顾炎武在《日知录》里记载"秦人取蜀以后，始有茗饮之事"也包括康县一带。除此之外，这一带喝茶多取煮饮方式，与《广雅》所记述的荆巴地区的煮茗方法大同小异。结合中国古代茶史来考察云台的面茶，实则为古代从以茶当羹到以茶作为单纯饮品之间的过渡形态。

云台的面茶,古之遗风矣。

天高气爽,在绿树掩映的小院,食毕两碗面茶,细细回味,我以为既有面的西北滋味,也有茶的别样深意,而且,它将两者完美地结合起来,实为难得。在这个茶道盛行的时代,不少人追求的是茶的雅趣与精致,而深藏大山深处的云台面茶,却让每个人对粗茶淡饭有了更新更深的认知与体味。

杠子上的舞蹈

"你吃了杠子了吗？"

在甘肃，这不是一句骂人的话，而是碰上一个性格倔强的人时的无可奈何与苦不堪言。生而为人，自然没有人去吃杠子，但杠子面却是有的——它不在山西，而在甘肃陇南的西和县。一提到面食，人们总会想到山西。不得不承认，山西面食的花样之多、做工之细，简直就像一个面食天堂，令人垂涎欲滴。不过，甘肃的面食同样风格独绝，而且，似乎每一方水土都有一款自己钟情的面食，比如兰州的牛肉面，比如平凉的饸饹面，再比如西和的杠子面。

如果说兰州的牛肉面馆因冒牌的兰州拉面开遍了全国各地以至风行天下的话，那么，西和的杠子面则不离不弃，静守西和大地，颇有些足不出户的意思，所以，离开西和就吃不到了。西和是甘肃陇南的一个小县城,民风淳朴,人心散淡,每一个人都在古老的西汉水边平凡安静地生活着。

杠子面,就是他们日常生活里的一款美食。

杠子面以其独特的杠子压法而得名。

说杠子面是手工面之一种,是对的,但又不完全对,因为它与手工面还是有区别的。手工面的特点是用擀面杖不停推擀,而杠子面要在推擀之前先用一根胳膊粗的杠子来压。用上等面粉辅以一种特制的草木灰水(作用同碱面)和好面,用白布捂盖一小时左右后,就将面置于略微倾斜的案板上,开始压面了。

一根抛光的压面杠,一头穿在案板靠墙的固定小洞或铁环里面,然后以面为支点,在另一头用双手按,或者用单腿骑杠的方式来压面。把面压开,复用擀面杖推擀——而其推擀与普通的手工面不同者有三:一是至少要用两根擀面杖换着擀;二是面要擀成长方形,而非普通农家手工面的圆形——其实,这也是要用两根擀面杖的原因,一根长而粗,另一根细而短,专门用来处理厚薄不均的地方;三是擀面时得用足力气,要不停地举起缠着面片的擀面杖,狠狠地砸在案板上,震得案板咚咚作响,直到面薄如纸,有透明之感才算擀好。据说,一碗筋道的杠子面,面的厚度大约是0.3毫米。当然,这是民间文化爱好者的好事之举。

杠子面的切法亦很讲究,要切成如箆子齿一般,一根根紧挨在一起,又截然分开。中国手工面里的三大传统技法,分别是压、拉、切。这也就是说,一碗手工面要风味独绝,至少要三者占一。而杠子面在取其压之精华外,复重视切工,可谓三者占二,岂能不美? 杠子面要一碗一碗地煮,即使顾客盈门,也是急不来的。煮好一碗,调好一碗,端给客人。与西北家常便饭不同的是,浇头里要放些炸豆腐丝和韭菜末。杠子面的浇头以清淡为主,一般加些香菜、葱花,味以微辣为主,热吃凉拌,均会适口。

如此复杂的手艺,是我几年前在西和县城的一家杠子面馆看来的。设若那次没有留心,只是一介普通食客的话,哪里知道看一碗杠子面的出锅,简直像看一出大戏!

就像兰州人的早餐是一碗牛肉面,杠子面也是西和人的早餐。西和的历史上,羌、氐等少数民族居住过多年,不知这种独特的面食与之有无关系,但有一点颇有意思,那就是杠子面只许男人做,不能由女人做。为什么会这样? 一说是因为杠子面硬,而且要用杠子反复碾压,纯属力气活,女人干不动;另一种说法是,筋道的杠子面需要人骑在杠子上左右不断移动来碾压,而一个女人骑在杠子上实属不雅,所以女人不能做杠子面。也许,这是古时男尊女卑的遗风罢了。

这些年,我多次去西和,每次去,总要吃一碗杠子面。其实,每次出发前,就期待能在一家临街面馆里与一碗杠子面相遇,因为县城老街的杠子面,手艺太精湛了。不过,在西和乡下吃过的杠子面,同样令人回味悠长。在西和大桥镇的一户人家,我曾经吃过一次杠子面。临近中午,一进院子,家里的男主人就一头钻进厨房忙活去了,女主人则会迎你上炕,给你支起火炉,煮起罐罐茶。他们贫穷,没有别的待客之物,唯有罐罐茶与杠子面,但直到现在还每每想起他们忙前忙后跑出跑进的样子。一碗杠子面,已然是一方水土民风淳朴的见证。

当然,最让我难以忘怀的是,简陋的厨房里,男主人骑在杠子上压面时从左到右复从右到左不停地跳来跳去,节奏感极强,像在杠子上舞蹈。

我记得那天我吃了三大碗。

狼牙蜜

五月的陇南,满目叠翠,山色秀美,让"陇上小江南"的美称名不虚传。从武都到两当的路上,总能看到山坡上有一簇簇一团团白黄相间的小花,开得艳丽,开得热烈,像各自比赛着自己的颜色。问同行者,才知,那就是两当县有名的野花:狼牙花。

它是开在狼牙刺上的一种小花。

狼牙刺,亦名白刺花、马蹄针,耐旱,耐瘠薄,是落叶灌木的一种,小枝黄褐色,花期在每年的五六月份。我来得正是时候,恰好碰上狼牙花尽情开放。远远望去,仿佛披在坡上的一片白雾,让整个大地像沉浸在一场洁白的梦里头。只要轻风一吹,阵阵幽香,扑鼻而来,这么浓烈的香,蜜蜂岂能错过。

果然，两当县就有闻名陇上的狼牙蜜。

说到狼牙蜜，还得先说说古代诗文里常常提及的崖蜜。所谓崖蜜，亦称石蜜、岩蜜，就是山崖间野蜂所酿的蜜，色青，味微酸，可治哮喘、咳嗽。《本草纲目·虫一·蜂蜜》里引用过南朝陶弘景的句子，说："石蜜即崖蜜也。在高山岩石间作之，色青，味小酸。"最早的狼牙蜜，就是崖蜜之一种，量少，珍贵。后来，放蜂人多了，才成为家喻户晓的事了。唐代大诗人杜甫由陇入蜀时就写到这种古老的风情："充肠多薯蓣，崖蜜亦易求。密竹复冬笋，清池可方舟。"这就是说，早在唐代，陇南两当一带的狼牙蜜就已经远近闻名了，而且不难找到。当然，这与两当一带山陵纵横，气候温和潮湿有关。而现在的狼牙蜜，已经是国家工商部门认定的商标了。

每年清明过后，兰州以西的河西走廊还是寒风料峭时，地处黄土高原、内蒙古高原、青藏高原接壤地带的两当已经百花盛开，狼牙刺花开得稍晚一些，到五月初就竞相争艳，自然，采蜜的季节也就到了。这里的农家都有传承多年的养蜂习惯。在两当云屏乡、西坡镇游逛的日子，总能在路边碰上一户户逐狼牙花而居的人家。他们就住在临时搭起的一顶顶帐篷里，从口音就能判断出，大多数是本地人，但也有从四川、陕西一带赶过来的。

和他们闲聊，会觉着放蜂人的人生，固然辛苦，也颇有诗意。

一个矮个子的两当云屏人有点炫耀地对我说，"别看我们苦,身体可健康呢!我们这里的人从来不得风湿病,也不得哮喘病"。原来,在他们的日常生活里,早晚都要喝点蜂蜜,又时不时地被蜜蜂蜇一下,基本上不会得风湿病——据专家考证,被蜜蜂蜇可减少得风湿病的概率。后来一查《神农本草经》,说蜂蜜"味甘无毒,主治心腹邪气,诸惊痫痓,安五脏之不足,益气补中,止痛解毒,除众病,和百药。久服强志轻身,不老延年"。

就在他的一顶帐篷里,我买了数瓶纯正新鲜的狼牙蜜,还吃了一碗当地的特色小吃:狼牙蜜拌土豆泥。把煮熟的土豆,用一把竹筷捣碎成泥,加入几勺新鲜的狼牙蜜,就可以或坐或蹲地在路边吃了。白而酥软的土豆泥上,琥珀色的狼牙蜜,像旅游中一个香甜的梦,余味悠长。那次返回不久,即端午节,一家人吃粽子时,用的就是狼牙蜜,那个香甜远胜往年。看来,狼牙蜜中远高于其他蜂蜜70%的葡萄糖和果糖的宣传,绝非假话。

据说,蜜蜂采集和酿造一公斤蜂蜜,大约要采集八百万到一千万朵花,来回飞行约十三万公里,而且,蜜蜂采蜜时有这样一种工作特性:如果有多种花同时开,它们便分组去采集,一组蜜蜂始终采集同一种花,决不更换。无论是一只只蜜蜂齐心协力集腋成裘地劳作,还是自始至终不离不弃于某一种花,都是为了保证蜂蜜的纯正。

蜜蜂尚且如此,我们生而为人,在面对每一件物事时,是否更应该做到用情专注呢?

康县的木耳

这几年,我在苏杭一带辗转生活,给南方朋友送出的随手礼中,最多的是天水雕漆工艺的纸巾盒。我千里迢迢从北方带来,只是略表一点心意而已。除此之外,我给不少喜欢下厨的朋友还送过康县的木耳。

康县木耳,这些年来我一直没有吃厌过。

以前,我在天水生活时,常去康县。这一带背靠西秦岭山地,雨量充足,森林茂密,是黑木耳生长的理想区域。木耳也是一门大学问,有关它的知识,我都是从康县学来的。康县的木耳,依其种类,通常有"毛木耳"和"光木耳"之分——背面密披白绒毛者,曰"毛木耳",两面光滑干爽者,曰"光木耳"。木耳在当地的别名也有很多,生于腐木之上,形似人耳,名"木耳";丛生于椴木上,如蛾蝶玉立,又名"木蛾";重瓣如浮云,镶嵌于树上,则又称"云耳"。除此之外,生产季节不同,叫法亦不同,比如产于初春者叫"雪耳";产于清明之后者称"春耳";夏秋之间产者,曰"伏耳";深秋之后产者,名"秋耳"。听当地人讲,"伏耳"不仅产量大,而且质地柔软,滑而带爽,品质最高。

木耳是怎么来的,也许好多人并不知道,但我在康县见过。隆冬季节,满山红叶飘落,"耳农"便把生长了七八年的耳树砍成三至五尺长的耳棒,运到耳场,收集起来。翌年,大地回春,"耳农"在耳棒上砍开菌眼,点上耳菌,然后把耳棒铺在潮湿处,让其休眠一个时期。入夏,万物竞长,耳菌萌发,"耳农"就把耳棒绑成一架,让其淋雨沐阳,正式产耳。整个过程,有着时间的力量。

我特别喜欢"耳农"这个词语,有术业专攻的手艺之味。

有一年,去康县的阳坝采风,路经一个小小的村落,山环水抱,极其幽静,像遗落在陇南大地的一首宋词,清净得让人不好意思贸然进入。在阳坝玩了几天后,临别时朋友专门带我们去这个村子。干什么?买木耳!随便进了一户人家,他家的木耳一袋一袋地码放在房间里,整整齐齐,甚是壮观。那次,我买了两大尼龙袋木耳,差不多一百多斤,回来后分赠给亲戚朋友。千金散尽还复来,一百斤木耳散尽之后自有再来之时。现在,我平时吃的木耳就是回老家时带来的康县木耳,泡开,洗净,焯水,用九成熟的胡麻油凉拌,其醇厚清香之气,溢满整个厨房。

细细端详一朵泡开的康县木耳,色泽乌黑光润,背呈淡褐,形大肉厚,如同一个古代清俊的美男子,儒雅而风流,不像大棚里长出来的木耳,形小,光溜溜的,看上去有小人之气。

补充一下,康县山清水秀,是一座宜居之城。

洋芋搅团

先从搅团说起吧。

"要想搅团好,少不了三百六十搅。"

记忆里的冬天,比现在要冷得多,寒风彻骨,我用棉袄的脏袖子捂着脸放学回家,刚进院子,就能听到厨房里的母亲哼着这支单调的小曲。此时,她一手往锅里撒着玉米面,一手执一根长长的擀面杖,不紧不慢地在锅里顺时针旋转一会儿,又逆时针旋转一会儿。她在打搅团。从她手里飘撒而下的玉米面,黄灿灿的,仿佛一粒粒垂落的黄金,落入扑嗒扑嗒的热锅里。而母亲的身影,在腾空而上的热气里拥有别样的美。这种美,是一种迥异于田间地头的美,温婉,贤淑,甚至有为一家人生活辛苦操持的隐忍。

母亲已经去世十余年了,这样的场景一直藏在心底,倘若不写这篇文章,我是不愿回忆的。

搅团,直白点说,就是"杂面搅成的糨糊",在西北乡间,处处可见。冬天里,坐在热炕上吃一碗热乎乎的搅团,是西北人抵御风寒的一种方式。搅团者,玉米面有之,玉米面兼小麦面者亦有之,搅团出锅,配以青椒土豆丝、凉拌酸菜,就是一顿丰盛的早餐了。

而洋芋搅团,唯甘肃陇南才有。

相比玉米搅团,洋芋搅团更花时间,因为得经过洗、煮、剥、凉、打、调等六七道工序。煮洋芋看似简单,但并非煮熟而已,煮这个过程直接影响搅团的口感,其中有不少学问。比如煮时水要适中,水太少,洋芋会焦,水太多,会把洋芋煮成"水包子"而少了面气;比如火候也要把握好,刚开始要用大火,等洋芋六七分熟了,复用文火煮。煮熟的洋芋,要趁热剥皮,置于案板,快凉未凉之际,也就是尚有余温时再开始打。打,得有两样基本的工具:石臼和木槌;也得有两个人,一个把凉的洋芋往石臼里放,另一个手执木槌反复击打。打洋芋是个费时费力的活,一窝搅团往往得几个人换着打,但都得懂轻重缓急之别。

在陇南的街头,我曾见过木槌敲打洋芋的场景,"嘭——嘭——嘭"的响声,颇有古意,让人能联想到古代浣衣女的捣衣声。莫非,洋芋搅团也是承传于古代的一种美食? 我不得而知。但我想,如此质朴的美食制作方式必定有着古老的历史。那么,一窝洋芋什么时候会打好呢? 一提木槌,不粘石臼,石臼内不剩一丝残渣,可以整个提起来的话,就说明好了。

接下来的事,就是大饱口福了。

人生世态,有炎凉冷热,洋芋搅团的吃法也有凉吃和热吃之分。凉吃,是以葱花或蒜苗炝少量酸汤,在汤中加入盐巴、蒜泥、油泼辣子和切碎炒好的青菜,搅匀,用蘸了水的切面刀将搅团切成核桃大小的小块入汤,搅拌至蘸足汤汁,吃起来香辣可口,荡气回肠;热吃,是以口味之不同,先做好汤,再将切成小块的搅团入汤,烧开吃——这种烧法,绵软温热,宜老翁小孩。

有一年,我浪迹陇南,成县诗人蝈蝈带我在武都街头吃的就是洋芋搅团。据说那家店是陇南街头味道最美的一家。小店临街而开,好像在盘旋路一带,店主是对老夫妻,一脸的质朴。

一晃,数年过去了,他们的小店,还在开吗?

仇池村的油茶

　　油茶本是少数民族的茶饮,但在西和万顷仇池山顶的仇池村,我却见到了,真让人有些诧异,诧异里还有点惊喜。

　　我们进了仇池村村支书赵满良安静的院子,主人就让上炕。几番推辞,我硬是坐在了沙发上。村文书赵小万却边上炕边说:"你不上炕,那我上了。"他脱鞋上炕,支起小火盆,将茶罐罐煨在火前,开始烧茶了。

　　茶罐极精致古朴。陶质,腹部微有隆鼓,外部有一耳形小把,罐口左部有一防勾倒的小流嘴。用这种小罐煮茶水,透性好,散热快,茶水不会变味。待烧热,滴少许菜籽油,从摆在炕上的碟子里放入花生仁、核桃仁,然后炒拌,如同炒菜。小小茶罐里发出"嗞啦啦"的响声,而后将茶叶放入,同炒,差不多炒好时再加入水。加水是有讲究的:讲究之一,就是要"凤凰三点头",即每加三次水,都要有响声,等第三次加入水,就开始煮了;讲究之二,整个过程中用一根竹质的茶滗子不断地来回搅动,以免罐身罐底太热,把茶叶给煮煳了。

茶汤熬好时,用茶滗子蘸少许盐,投入再煮。

少顷,倒入茶杯。

听他们讲,有时,还会放些葱花。看这样一杯茶的煎出,如同看一位大厨的厨艺表演。我一直不明白,为什么会在陇南偏北靠近天水这一带有这种饮茶之俗呢?我在村子里访问了一些老人,想探究一番,惜其说不上所以然,只留下了一句简单的话:老先人也是这样喝的。

也许,这与小村的历史有关吧。

村子虽小,却是仇池故国的遗址所在。西北少数民族氐族凭着一山之险,在这里建国并绵延了三百余年。查氐族的资料,没找到油茶的相关记载,倒是从土族人的史料里看到了这样的茶事:清光绪《秀山县志》卷七《礼志》载,"田家岁时佳节,炒米杂姜茗入油盐,研之为油茶,亦时以款宾"。其模样,大致同于西和油茶。

这种茶的好处,是冬天可抵天寒之冷;而且,逢年过节、红白喜事招待客人,喝得也多,以示隆重。相比之下,在陇东南广泛流传的罐罐茶就要简单得多了。临离开村子时,还听到了一则故事,亦与油茶有关。十年前,村子里有一位老人,嗜油茶如命,亦喜欢将猪肉臊子放入其中,与菜油同炒。有一年,家里杀了一头大肥猪,一年下来,他把一头猪的肉，全在小小的茶罐里煮茶时吃光了。

忘了说，喝油茶时得吃些馍馍。

馍馍者，家里自做的锅盔。西和锅盔也是享誉陇上的一款美味，两者同食，亦是绝配。

苜蓿面

苜蓿，是西北大地极普通的一种草。

大约在汉武帝时，从西方传入中国的苜蓿开始在陕西关中和甘肃陇东一带广泛种植。苜蓿易生长，只要给它一片坡地，就能生根开花，而且一种就有好几年的收成。苜蓿的叶子，圆而肥，也嫩，可食用。林洪在《山家清供》里，说它是唐宫里的菜肴之一，而最初，它只是西域马的饲料。在西北，苜蓿却是穷人的粮食，贫寒人家也拿它做菜。儿时的我经常吃。大概农历二月，苜蓿长出来了，满山满坡都是，我们姐弟三人奉母亲之命，拎个竹篮去采，采回来的苜蓿芽开水里一焯，用熟过的胡麻油凉拌，就是一道极好吃的菜了。苜蓿长老了，就割回来喂猪或者喂鸡。

记忆里，母亲还做过一道小吃，就是把苜蓿和土豆搅拌在一起,味道也极好。

我迁居江南后,发现苜蓿已经摇身一变,成为苏州人、上海人餐桌上的一道美味了,只是换了名字,苏州叫金花菜,上海叫草头。我看见好多爱美的女士特别喜欢吃,大概是绿色食品的缘故吧。而在遥远的大西北,倘若在窑洞里吃一碗苜蓿面,如读一首边塞诗,有苍凉的况味。

天水和陇南都有苜蓿,但当地人似乎不怎么做苜蓿面。到了庆阳一带的乡下,苜蓿面很是常见。苜蓿面是面与苜蓿的简单组合,就像众所周知的菠菜面一样。面擀好了,切成比韭菜叶子稍宽的面条,再把洗净的苜蓿芽在开水里稍煮,然后下面,熟了后,调上盐、醋、油泼辣子,即可。煮好的苜蓿面,苜蓿是绿的,面是白的,汤是糊的,混在一起,煞是好看。在饥寒贫困的时代,一碗苜蓿面仅可果腹,而现在却成了城里人餐桌上的香饽饽,有着浓浓的山野之气。一个吃惯了大鱼大肉的人,不一定吃得惯苜蓿面,实在太清汤寡水了;但我能,而且能吃出童年的味道、儿时的记忆。

回忆起来,我最后一次吃苜蓿面,是在泾川的窑洞里。

那是一户贫寒人家,很多人早都搬离了窑洞,他们家却没有。男主人膝下有三个小孩,两男一女。说起梦想,男人的最大心愿就是让他们以后多读点书,离开这窑洞,在大城市里落下脚,哪怕扫马路也行。在一帮子从五湖四海赶来采风的作家眼里,这样的人生是他们的笔下风情。而我是乡村长大的孩子,懂得他们的苦。

我沉默不语，一边吃苜蓿面，一边望着窑洞外面连绵的沟壑。黄土塬上星星点点的窑洞里，一定居住着一位我们永远看不到的神，他教会人类学会一个词：隐忍。

一听这名字,心里就暖暖的。

吃暖锅,宜窗外大雪纷飞,大地白茫茫一片。一帮亲友于房屋一隅,围坐在一张大方桌前,桌的正中,放着一只大砂锅,锅里扑腾腾地冒着热气。这场面就是乡居的幸福时光。

吃暖锅,图的就是这份热火。这也是庄浪乡下人家常见的一种美食。

从本质上讲,暖锅是砂锅的一种,但区别在于暖锅的菜有点一锅烩的意思,以白萝卜为主,配以豆芽、粉条、豆腐、胡萝卜,但最上面得铺一层过了油的五花肉。这也是最经典最传统的吃法。另外两种,一种是混装,各种菜装一起,算是大锅菜,吃起来痛快淋漓;一种是中间设挡,各种菜分隔开来,各取所需。

　　暖锅的设计,绝妙得很。中间是空心的火筒烧煮,周围围着一圈菜,味从煮中来,香自火中生。火,自然是木炭最好,没有烟熏火燎。现在有人用上了电的铜暖锅,但味道着实不如以前。锅里的汤,鸡汤为上,次者为猪肉汤,越煮越香。要是汤少了,会再加上半碗或者一碗,继续吃。

　　这场景,能让人想到一个古老的字:煨。

　　不少人把煨和炖混淆了。其实,煨与炖是有区别的,煨仿佛"下里巴人",炖酷似"阳春白雪",两者风格各异,各有千秋。如今,庄浪一带的暖锅,已经有人把店铺开到省城兰州了。我在兰州的农民巷吃过好几次,想起来有些怅然若失。暖锅,真的宜在农家小院的堂屋,或者盘腿坐在土炕上,在高楼林立的小巷里吃,意趣大减。

　　最初,暖锅用的是砂器——稍微讲究点的庄浪人家,都用"安口窑"。安口是华亭的一座古镇,自古盛产砂锅子,且行销大西北,至今还受人们的青睐。二十年前,庄浪的乡下,谁家若有一只安口窑的砂器,也是件颇为长脸的事。现在,安口的砂锅少了,吃暖锅也就改用铜锅了,不仅如此,菜品也有所改变,随心所欲的人们开始往里面加进了蘑菇、海带以及黑木耳。有一次,我在庄浪吃暖锅,碰上这情景,一位当地的文化人气愤地说:"这简直就是胡整啊。"席间,他竟然一口未吃,连筷子都没动。我对他一下子充满敬意。

　　庄浪有句俗语,你就只知道暖锅过年吃啊。

　　意思是说,一个人头脑简单,只知道过年吃暖锅。其实，在生活困难的那些年，一年下来，能吃次暖锅，不是件容易的事。说真的，也只有在过年时，人闲了，走亲戚了，才会吃上一两次。平日里，暖锅会收起来，静静藏于厨房一角，大家哪有闲工夫伺候呀。即使有，也没有肉呀菜的。

暖锅还有个名字，叫锅子。

锅子，听起来平铺直叙，甚至冰冷，不像暖锅多了一份人间情谊，让人心也是暖的。世事本来无常冰冷，一口热气腾腾的暖锅，把一家子人团在一起，是俗世里的幸福与温暖。

南方的雨夜,夜半读书,有点饿了,就有了下厨的冲动。可吃什么呢,一时不知所措,打开冰箱胡乱思忖着倒腾点什么时,竟然无端地想起平凉的饸饹面了。

为什么会这样?

可能跟我在疲惫饥饿之际吃过一碗平凉的饸饹面有关吧。

好几年前,我心血来潮,一个人从陕西陇县出发,一路向北,踏访关山古道——这是一条横陈于陕西、甘肃、宁夏之间的苍茫古道,人烟稀少,人文底蕴深厚。我从张家川入庄浪,看完云崖寺石窟就直奔平凉了。顶着夜色入城,万家灯火里又累又饿的我于情急之下钻进了街边的一家饸饹面馆。平凉在陕甘宁三省的交界地带,饮食上与陕西相似,面食花样多,饸饹面就是其中之一。古代的典籍里,饸饹面叫河漏、河捞。王祯的《农书·荞麦》载:"北方山后,诸郡多种,治去皮壳,磨而为面……或作汤饼,谓之河漏。"王祯是元代著名的农学家,他不仅详细记述了饸饹之来历,还对其有"以供常食,滑细如粉"的形容。

这是一家干净又整洁的小店。

我刚刚放下行李,落座。店主人就热情地迎上来沏茶——他沏的是荞麦茶。店里没有其他食客,店主兼厨师的他沏完茶,就去后厨,坐在饸饹床上给我压面条了。见此情景,我内心一喜:歪打正着的这家小店,经营的是正宗的饸饹面。饸饹面是北方的一种传统面食,最地道的做法,就是要把早就和好的荞麦面放在有漏孔的饸饹床子上——一种做饸饹面的特有工具——挤轧成长条。只是,这些年不少店家贪图省心省事,不用床子压了,改用压面机器了。这是一个急功近利的时代,但对于有着悠久历史的饸饹面而言,毫无疑问是一次冒犯和冲撞。

不多一会儿,一碗热气腾腾的饸饹面,端上来了。

我要的是羊肉荞面饸饹面。

饸饹面有荤素之分。素的饸饹面,味道相对偏淡,而荤的饸饹面既有面的本原,又有肉香的浓郁,最适合我这样的夜行人。再说了,一碗羊肉荞面饸饹,是荞麦与羊肉的一次美好相遇,仿佛一场前世的约定。而饸饹面真正演绎出的味蕾狂欢,则在平凉的乡下。

在平凉的乡下,只要一户人家遇上婚丧嫁娶之类的红白大事,都会做饸饹面以待宾客。也就是在那次踏访中,我恰好碰到了一户人家出嫁女儿时做饸饹面的场景,其豪迈壮观简直就是一曲唱给西北大地的交响曲。院子里支着几张大案板,一张案板前围着一帮衣着朴素但看起来喜气洋洋的女人。她们一边说话,一边切洗着肉和菜;另一张案板前,男人们赤膊捋袖,和面、揉面;最壮观的是那个高高坐在红枣木饸饹床子的男人,他正襟危坐于大锅之上,全然不顾锅里的滚烫沸水,威风凛凛,气势十足。他往床子里装一窝面,用力一压,细而白的面条就直接进锅里了,待煮熟后用筛子捞出来,再浇上香味浓烈的浇头,就可以一碗碗地传给赶来吃席的乡亲们。这样的饸饹面是乡下的流水饭,不分时段,有客就吃,无客即停,仿佛开在平凉大地的一朵喜庆之花。

饸饹面在山西、河北、内蒙古以及宁夏都能吃到。据说,最早是从西安传往全国各地的,所以,一见"饸饹"两字,总能联想到"长安"这个词。长安是一个古旧的词,青瓷大碗里盛着的饸饹面也有大唐的气息。平凉恰恰是一座古城,饸饹面就像一首流传到当代的唐诗,它的身上有一股盈盈古风,在时光的长河里挥散不去。

这样的记忆,因为美好,以至于我后来每逢饥饿之时,就想吃一碗平凉的饸饹面。

十五年前,我还是一个没出过远门的乡下孩子,生活的半径也是以杨家岘为中心,方圆不过二十里。直到考上大学,我才穿上第一双锃亮的皮鞋去了省城兰州读大学,进了大学,略见世面,吃的花样也多了起来。静宁烧鸡就是我在大学宿舍里吃到的第一款外乡美食。记得那年我们新生报到后,进行了十来天的军训,马上就是国庆节,又是一个长假。假毕,热情高涨的舍友们从老家来时都带着家乡的土特产。家在静宁的靳跟强带来了静宁烧鸡。那一晚,宿舍八个人围着两只烧鸡,吃了个热火朝天,连顺便带来的鸡杂碎也吃了个精光。

要说大学时代美好,这也该算其中的一部分吧。

后来,结识静宁籍著名诗人李满强,也就与静宁小县结下了不解之缘——与静宁小县结下的缘，其实也是属于静宁烧鸡的。

静宁县不大，是陇中的一个小城，但它的美味却不少，有脆嫩甘甜的苹果，有坚硬的锅盔，而尤以静宁烧鸡出名。正宗的静宁烧鸡体形肥大，色泽金黄，形色美观，食之鲜嫩、味厚，它取了河南"道口烧鸡"与安徽"符离集烧鸡"之长，而避其之短，关键之处是用涂过饴糖的鸡油炸，然后用诸多香料制成的卤水煮制。而卤的秘诀，择其要点有三：一要陈老，二要讲究配料，三要掌握火候。卤汤，最短也要有五年之久，而且每隔两三天就要根据需要增添佐料，而其配料大抵是由胡椒、丁香、桂皮、陈皮、大姜、花椒、草果、白芷、茴香和少量酒、葱、味精等构成。制作时文火慢炖，使卤汤达到似开非开的程度，亦要根据鸡的大小、肥瘦、雌雄来决定火势变化的大小和成熟的时间。如此复杂的手艺，一个人既要认真学，还得颇有悟性。

这几年，我多次去静宁，每次都想着在这座至今还有广播声的小县城里尝尝烧鸡，却总被李满强吆喝来的一大帮文朋诗友灌得烂醉如泥，这个朴素的愿望总是落空。这样一想，人生也真是一件充满遗憾的事。但去的次数多了，毕竟是有好处的。至少，从静宁本地人跟前听来了不少挑选静宁烧鸡的实用密笈。因为，现在不少人都昧着良心做生意，拿着病鸡、死鸡做烧鸡的大有人在。一次，在餐桌上偶遇一位静宁厨师，他告诉我，如果从外部色泽上看，很难判断烧鸡是不是病鸡，但从眼睛上能很快区别开来。他的窍门是,如果鸡的眼睛全闭,而且眼眶下陷、鸡冠干巴,则必是死鸡,如果双眼半睁半闭,则为活鸡。他还特意强调,无病的鸡烧制后也有眼睛微闭的,那怎么判断?看眼眶,若是饱满,且眼球明亮、鸡冠湿润、血线均匀清晰的话,它的前生一定是一只健康的鸡。

真是隔行如隔山啊。

不过,这位憨厚的厨师倒是说出了一个严肃的美食命题。在今天,要吃一款美食,先得具备打假的勇气与智慧。

关于静宁烧鸡,我还听来了一则故事,每每忆之,不禁慨然一叹。

静宁乡下有一个孩子,家贫,但自幼读书刻苦认真,一路借着钱上了大学,后来毕业就开始了漫长的赚钱还账之路。对他而言,烧鸡虽为家乡特产,却因手头拮据,一直舍不得吃。最让他馋意大起的一次,是坐火车去大学的路上,看到一个有钱人吃着静宁烧鸡,一罐又一罐地喝着啤酒,那个香,让他暗下决心,等以后有钱了,手头宽裕了,一定也要这样美美地吃一顿。甚至说,在他的梦想里,人间幸福大抵如此了。可惜,在他还清旧债,新交了女朋友,打算按揭买房时,在单位的一次例行体检中他被发现已是癌症晚期。他不相信命运会这样捉弄人,就跑到西安去复检,结果还是如此。

他的心彻底死了,怕连累了父母亲及女朋友,就放弃治疗坐车返回了。回来的晚上,他在火车上挑了两只静宁烧鸡,买了一箱啤酒,且喝,且吃,且流泪——虽然伤感,虽然弥留人世的时间在一分一秒地缩短，但他毕竟实现了心中的一个梦想。

　　听完这个故事之后，我每每路过静宁烧鸡小店，总会想起那个陌生的苦命男子，我与他同是乡村长大的人，而他的命运也过于残酷了。

不
一
样
的
蒸
馍

我是吃蒸馍长大的。

蒸馍,或者馍馍,是西北一带对馒头的叫法,听起来有
点土得掉渣,实则富有民间气息。小时候,母亲不是做蒸
馍,就是烙大饼——乡间的叫法是锅盔。她很少做豆腐粉
条馅的包子,那是逢年过节的事。西北人的蒸馍,是贫寒人
家的口粮,出远门时会往行囊里塞两个,以备不时之需。不
过,我吃过的蒸馍,见过的蒸馍,都是平底、上呈圆形。后
来,在平凉泾川吃到了一款不一样的蒸馍:罐罐蒸馍。

那一年,我忽然来了兴致,满甘肃乱跑,行至泾川,遇
雨,借宿于一户农家窑洞。晚饭时分,主人热情地端上来一
盆蒸馍。也许,是真的饿了,就着泾川的本地小菜一口气吃
了四五个。吃毕,我才发现这蒸馍跟别处的不一样,馍底也

是平的,但挺立如罐形,难怪主人用一小木方盘端过来时随口也说了一句:吃点罐罐蒸馍吧,垫垫底。罐罐,是西北一带对陶罐的叫法,听起来古拙而质朴,所以,罐罐蒸馍也有一股浓郁的山野之气。

据说,罐罐蒸馍发端于泾川的兰家山一带。早在汉唐时期,这里是古丝绸之路的要冲地带,过往商人常用水果、馍馍敬献神灵,祈求旅途平安。兰家山一带的子民捕捉到商机后,就拿当地的上等白粉和面蒸馍,售与往来丝绸之路的商人。正因为罐罐蒸馍最初是以商品形态出现的,所以特别讲究色、香、形、味。有趣的是,不是泾川县到处都有罐罐蒸馍,只集中在县城近郊的水泉寺、阳坡、兰家山一带的几个村庄。所以,离开泾川,也就吃不上罐罐蒸馍。据说,罐罐蒸馍是这一带的祖传之物,靠的就是城郊这几个村子的井水。有人曾效而仿之,但模样总走形,蒸成软塌塌的碗状,而不能挺然凸立如罐。

蒸馍是西北人的家常之物,但做一锅罐罐蒸馍却非易事。

首先,面粉得选白麦粉。泾川盛产小麦,其小麦有红白之分,红小麦磨的面适合擀面,白小麦磨的面适合蒸馍。其次,工艺也很繁复,有和面、发酵、揉制、醒面、二次揉制等二十多道工序。听当地的一位老人讲,旧时磨面不易,妇人们闻鸡而起,吆驴套磨,用绸箩底的箩箩面——箩底之细,肉眼几乎难以分辨。一锅好的罐罐蒸馍,最好是用这样的古法磨出来的面,细且有黏性,白如雪。当然,最关键的是其罐罐形状的塑造,先要将其旋成下小上大、约四寸高的馒头模型,然后用硬柴架火,馍入锅后,火要旺,气更圆,蒸成,即为罐罐形。

这也是最为吃力的一个过程。

据说,一个不踏实过日子的女人是做不出来的,因为缺少对生活本身的热爱。

相传,有一年康熙巡查宁夏时途经泾川,就吃到了泾川供奉的罐罐蒸馍。吃毕,他大加赞叹:"天下扶麦之麦在泾川矣!"

罐罐蒸馍有一个好处,就是味道醇香,长期存放也不馊不霉。久存的罐罐蒸馍,倘若用开水一泡,如棉蕾试展,白莲初绽,加少许白糖,甚是好吃——若干年前,白面馒头很是金贵的那个年代,这样的吃法也是很奢侈的。在泾川乡下,罐罐蒸馍还有一个功效,就是可以当药用:长久存放的干馍,泡软后可以敷治一般的烧伤与烫伤。估计,现在已经没人用这样的土法了,毕竟,缺少科学依据。

读《泾川县志》,内有记载,几十年前泾川福音堂的一位美国传教士每每回国,总要带点罐罐蒸馍回去,分赠亲友。

这真是一位有意思的传教士。

定西 · 白银

陇西有腊肉

西北有高楼，陇西有腊肉。

我这样说高楼与腊肉，真有些驴唇不对马嘴，不过，由西北而及陇西，思路上也说得通。毕竟，自古以来陇西之名就有一种独特的苍凉况味。唐代诗人李白自称陇西布衣，也让这座小城增加了不少幽深的历史之感。好在有热气腾腾的陇西腊肉，一下子让它有弥漫着人间烟火的脉脉温情。

陇西腊肉是一道传统的甘肃菜。

不过，好多人一看腊肉，想当然地以为，一定和四川熏制的腊肉差不多。其实，陇西腊肉是一种腌肉。腌，是古老中国传下来的一种传统烹饪技艺，但陇西人把它发挥到了神乎其神的水平：给生猪肉加上盐、花椒、小茴香、姜皮、桂皮等十余种佐料，腌泡晾晒而成，其工序有选肉、搓糖、抹盐、压桶、晾晒、收藏等六道工序。陇西的老艺人把这些工序概括成一句顺口溜：宰猪待冷搓糖盐，肉腿相间压桶间，月半之后勤翻晒，收藏之中防油霜。每年的腊月，正是腌制之时，久而久之，本为腌肉却浪得"腊肉"之名，足见时间与节序在美食命名方式上发挥了不可忽视的作用。

以前，穷苦人家，在腊月里都会腌一点肉，等到来年吃，算是在寒酸日月里的小小改善。腌好的肉，挂在屋檐下，晒晒冬天的太阳，也在数九寒天里冻一冻，然后挂到厢房，来年慢慢吃——家里来要紧亲戚了，碰上盖房浇梁这样的喜事了，取下来，割一块，吃吃。然而现在，据说陇西腊肉走上了集团化、专业化的路子，有公司专门经营了。他们腌肉所用的窑，深七八米，把生肉整整齐齐地摆一层，然后把调料撒一层，如此反复，直到装满——想想，那是多么壮观。从小作坊发展到集团运营的陇西腊肉，已经获得国家原产地标记认证，曾在中国与欧盟组织联合主办的"世界著名地理标记研讨会"上媲美巴拿马火腿。而且，据说陇西也被命名为"中国腊肉之乡"。

陇西腊肉好吃，跟原料关系甚密。

制作陇西腊肉宰杀的生猪主要来自漳县、岷县一带，尤以岷县的蕨麻猪为首选。这一带野生药材多，而且，农户饲养时保留着春季放牧、秋季圈养的传统，因而用蕨麻猪制作的腊肉其味无比鲜美。腊肉腌好了，待出售时，要蒸熟，蒸热——请注意，不是煮。而且，用的是一种除陇西之外很少见到的带锅。蒸熟的腊肉，瘦的色似红霞，肥的晶莹若玉。

当然,不仅好看,吃起来也好,瘦的不涩,肥的不腻。吃陇西腊肉有两大要点:一是要趁热吃,二是要夹馍吃。趁热吃人人都懂,故不赘述;至于"夹馍吃",和陕西的肉夹馍大相径庭。陕西的肉夹馍夹的是肉末,而陇西腊肉则是切成片状,夹在大饼里,显然,要比陕西的肉夹馍豪迈得多。

在陇西街头,我发现一个有趣的现象,就是卖肉的店家都会先给客人割片肉,供其品尝。据说,除了热情,主要是店家想展示一下刀功。

有一年,我去兰州公干,车过陇西时即兴拐入城中吃中饭——所谓中饭,就是特意跑到有名的大胡子陇西腊肉店,买了半斤,夹馍吃,佐以一杯浓茶,吃得舒坦而爽快。

彼时,正逢春风渐暖新韭上市,若与陇西腊肉炒得一盘,也一定是款美味。

荞面油圈圈

有一年，正逢春运，天水火车站南下广东、杭州的车票可谓一票难求。可通渭诗人离离偏偏托我给她去杭州打工的两个亲戚买票。我费了九牛二虎之力总算办妥了。离离高兴地发来短信，调侃问道：怎么谢你啊？

我也毫不示弱：送点荞面油圈圈过来。

如果换到今天，我肯定会让她用小楷抄一幅《心经》，可彼时的离离没练书法，或者只是我不知道罢了。我当时只是开了个玩笑。可几天之后我刚要出趟远门，离离的短信又来了：油圈圈已捎至通渭开往天水的大巴车上，中午十一点到，请自行领取。

我忍俊不禁，离离真是个认真的姑娘啊，一如她深夜里写下的那些诗行。

也许，有人会想，大老远从一座城往另一座城捎几只荞面油圈圈，真是不嫌麻烦啊！其实，这样想的人，一定是没有口福吃过通渭小城的荞面油圈圈。它是货真价实的陇上一绝，有百吃不厌的神奇魅力。况且，荞麦之于我，也是成长与记忆的一部分。记得家乡也曾种荞麦，但在父老乡亲们的眼里，荞麦属于粗粮，不是很受待见，专挑些贫瘠之地种，但荞麦不嫌弃，都能长出来，而且长得还好。所以，家家每年也会收获一袋荞麦。于是，也就有了吃荞面猪血饭的经历。过年时杀了年猪，母亲会做些荞面猪血饭，盛在碗里，红红的，有些吓人。但荞麦地却是每个乡村少年的美好之地。荞麦花开放的时候，满山满坡都红红的，带点粉，很是娇嫩的样子，被秋风一吹，让人心疼。

荞麦花开放的秋日山坡，我有好多年没有登临了。偶尔，我也怀念甘肃的荞皮子枕头，真是无比清凉。

通渭是苦甲天下之地，典型的黄土高原丘陵沟壑区，气候干旱，宜种荞麦。所以，通渭人的家常便饭，就是荞麦羊肉面、荞粉，还有荞面油圈圈。通渭人吃着荞面，身上隐隐有古风。著名作家贾平凹有一篇《通渭人家》，写得真好。通渭家家户户有热爱书法的传统，再穷的人家，堂屋的正上方也要挂幅中堂。富裕的日子人人会过，但于贫寒之中有所追求，内心一定是澄明干净的。

通渭人的早晨，煮着罐罐茶，对一幅中堂品头论足时，嘴里吃的就是荞面油圈圈。

荞面油圈圈并不难做。以开水烫荞面，拌少量小苏打，调成糊状,旋入特制的木勺或铁勺中,用八成热的油炸至棕红色,捞出即可。刚出锅的油圈圈,色如蟹肉,入口松软,加之荞麦本身的淡淡的甜味,食之别有风味。就是如此简单的食品,几十年前却是一户通渭人家最奢侈的美食。2011年春夏之交,我去通渭踏访古城堡,陪同我的书法家刘小农说,自己读通渭师范的时候,能吃一次荞面油圈圈就算是不错的改善了。他犹记得小时候父母亲走亲戚,买不起罐头、饼干之类的礼品,就在家里炸点油圈圈带去,顺便也让自己的孩子们打打牙祭。

现在的通渭大街上,有不少油圈圈的摊位。一个个形如镯环的油圈圈,整齐地摆成几排,算是一道街景。

关于油圈圈,有一则美丽的传说:

遥远的古代,通渭一带的牛谷河畔,土地肥沃,年年丰收,粮食多得吃不完。不少村民不加珍惜,暴殄天物,甚至懒惰不堪,不思农事。玉皇大帝下凡游玩,看见有人随意糟蹋粮食,很是生气,决定惩罚他们,遂命令"牛神"将五谷杂粮在三个时辰内全部捋为单穗。"牛神"遇到荞麦时,刚好时辰已到,就随手捋了一把,不料捋破手指,"牛神"便匆匆回去复命。荞麦染了"牛神"的血之后,茎秆、叶脉全变成红色,长得特别快,而且一旬一收,牛谷河畔的通渭百姓靠吃荞麦,才免于饿死。而"牛神"因为没有完成玉皇大帝的命令被罚至人间,专司农事。从此以后,通渭的老百姓不但感恩"牛神",还记住了荞麦的活命之恩,再也不敢糟蹋粮食了。

油圈圈的形状,之所以中间呈空,就是寓意后人勤俭持家,不能坐吃山空。

　　也许,这只是后人的附会罢了。不过,对大地的敬畏之情无论如何也是不能丢掉的。

黄酒泡馍

　　秋日的岷县街道，安静，行人稀少。我一个人逛到了大
南门。昨晚席间，有人谈到了大南门一带别致的风情，所
以，今天早早起床，溜达过来看看。早晨的大南门比别处更
加热闹，市井气也足，姜粉鱼、瞎瞎肉、羊肉糊糊的早摊点格
外醒目，但最终吸引我的是一家黄酒泡馍的小摊。早就知
道，黄酒在岷县颇有历史，明清时代的《岷州竹枝词》里就有
"西川禾老家家酿，闾井鱼肥处处筌"的句子，说的就是岷县
一带青禾成熟之际家家酿酒的盛况，不仅如此，清明时节岷
县还有黄酒祭祖的风俗。尽管如此，也不至于拿酒泡馍，莫
非岷县人个个嗜酒如命？这让人颇为惊讶。待我走近，见
一长髯老者气定神闲地坐在摊前的小条凳上，面前是一碗
黄酒——他往碗里一块一块掰放馍馍的样子，不紧不慢，很

有仪式感，仿佛一位极具魏晋风骨的世外高人。

　　后来，听人讲，黄酒泡馍的馍，一为花糕，一为油锅儿。它们都是岷县小南门一带的回族食品。我没吃过黄酒泡馍，但之前吃过油锅儿，又脆又酥，别有一番滋味。

我去过好几次岷县。

印象最深的一次,是在家乡的报社谋生时策划组织了一个寻找天水地理之最的文化活动。说白了,也就是拉上一帮文化圈的朋友采采风,顺便玩玩。天水最西端的桦林镇,是我们此行的目的地之一。我们寻访完这个跟陇西县文峰镇接壤的古镇后,就顺道拐了个弯,去岷县的狼渡滩草原了。在天水人看来,岷县虽然偏远落后些,但人实诚,所以午饭就在路边的一家农家乐解决了——顺便说一下,好多地方的农家乐已经经营走样了,轻易不敢去吃。

彼时,正逢八月,青稞将熟未熟的季节。

在这户人家,我们还吃到了新鲜出炉的麦索儿。之前从来没吃过,连名字也是头一回听。主人很热情,一看我们是外地人，就问要不要尝尝麦索儿，还说是免费的。同行的女记者胆子小，很淑女，不敢吃，只有我和小说家杨志斌抱着第一个吃螃蟹的念头决定食之。于是，主人端出来半盆叫作麦索儿的绳索状物，盛入碗中，浇了些清油，加了些蒜泥和盐，就递过来了。我和杨兄每人吃了两碗，而且连呼清香柔软，甚是过瘾。

那一次，听主人讲，在岷县一带，还有互赠麦索儿的风俗——如此普通的食物，邻里间还能相互赠送，该是民风淳朴的标志吧。

后来，相继认识好几位岷县人。在或深或浅的交往中，他们都曾讲起过麦索儿以及与之有关的故事。这倒让我有点纳闷，到底是巧合，还是麦索儿这种普通食物已经深入每个岷县人的记忆与灵魂深处呢？我想，一定是后者吧。其中一个朋友回忆说，每年七八月份青稞快成熟时，他的母亲最忙碌。每天要把麻黄色的青稞割芒截秆，背回家，在笼里蒸熟，搓取禾衣，磨成两三寸的绳索状物，这也就是岷县独有的麦索儿。更有趣的是，他们个个手拍胸脯，在我面前坚定地说，自己家的麦索儿是最好吃的。其实，我能理解这份有点偏爱的情感，因为这是妈妈的味道。妈妈的味道就是天下最美的味道，谁也替代不了。

而我的母亲去世十余年了。

忽然之间，我想念母亲了，想念她做过的浆水面、洋芋搅团以及面鱼儿。

再后来，在一本内部印行的甘肃童谣的小集子里，碰到了这样一首：

山里人对着干，

提上麦索儿去换蒜。

你送我麦索儿我送你蒜，

蒜拌麦索儿赛过干拌面。

短短四句，写得真好。

和"而今店铺尚有酒，游子归来忆麦索"的古诗比起来，这首童谣生动、鲜活，有民间的记忆，也有泥土的芬芳与温度。如果我会谱曲，我一定会把它谱成曲子，让岷县的孩子们在大街上随口唱诵。

酸烂肉

白银，听听名字，仿佛是一座有着白花花银子的城市，要不，怎么取这样的名字呢？但是，当你真的踏入这座城市，就会发现这里并没有琳琅满目的白银饰品，那为什么又叫白银呢？这大抵与明朝洪武年间的记载有关："松山之南，矿炉二十座，采矿点三十余处，开采人员盛时达三四千之众。"

这是一座以矿产而闻名的城市。

但在白银的大街小巷，随处可见经营酸烂肉的小店。我喜欢它的名字，一听就有烟火气和家常味。

酸烂肉的做法并不复杂。洗净的猪肉，剁成大块，先煮熟，然后捞出来，均匀切块，待用。再起油锅，将腌制好的酸白菜切成丝状，与粉条、洋葱、青椒及猪肉块一同爆炒。炒熟,加醋及各种调料即可。食之,如其名,既酸又辣。它的另一个特点是,闻起来也香。如果一个村子里谁家做了酸烂肉,闻一闻,顺着香味,就能找得到。白银街头的小饭馆里,酸烂肉是菜单上不变的首推菜,因为有家常的味道。这道菜早就嵌入当地人的日常生活与味蕾记忆里,百吃不厌——人间菜肴,百吃不厌的恰好是家常味道。

唯有家常,才更恒久。

我认识一位白银籍的诗人,他北漂多年,像大部分北漂一样,吃过不少苦,没少住地下室,也没少挤人头攒动的地铁。后来他弃文从商,苦尽甘来,从一位小秘书一步一步晋升到一家上市公司的高管。有一次,跟我谈起"近乡情更怯"的感受,他有些不屑地说,那是古人的矫情之词啊。他说自己一到白银,根本顾不上情怯不怯,而是在婉言谢绝家乡招商部门有关领导的诚挚邀请后,找到一家百年老店,吃了一碗酸烂肉。说实话,我客居外地近十年,特别能理解他对一碗酸烂肉的急切之情。

毕竟胃永远不会背叛自己。

我去过三次白银,每次都要吃一碗酸烂肉,配两个刚出锅的热馒头,一顿午饭或者晚饭,就这样打发掉了,简单又踏实。

靖
远
羊
羔
肉

　　小时候,我家有一位邻居,在靖远煤厂上班。每次回乡,他都带不少零食,我去串门时也能分得一二。这样的待遇让我觉着人间天堂哪是苏杭,而是靖远。这也是一个乡村贫寒少年关于靖远的全部认知。多年以后,有次公差途经靖远,我在县政府招待所草草吃了一顿简餐,就匆匆离开了。黄河边的这座小城就这样被我丢在身后。再后来,有一次一家省级文化单位组织作家们去靖远采风,我忝列其间,跟随大部队几乎跑遍了靖远的大小景点。现在回想起来,最美好的记忆竟然是在哈思山下吃过的羊羔肉。

　　之前,我对羊肉的看法,想当然地以为,还是河西走廊的好吃。毕竟,祁连山下水草丰美,羊肉自然好吃。然而,靖远的羊羔肉何以享誉陇上呢?一定有它的秘诀!当我在靖远游玩数日后仿佛悟到了真谛。这也让我的美食世界里出现了一个新鲜的词：滩羊。

对，就是滩羊！

滩羊是蒙古羊的一个分支，在我国有不少养殖区，靖远就是其中之一。滩羊骨骼坚实，鼻梁隆起，眼大微凸，看起来比别的羊英俊。不过，滩羊的主要功能之一是提供羊皮。滩羊的毛色洁白，光泽如玉，轻而且暖，是羊产裘皮中的佳品。为了区别裘皮品种之不同，滩羊皮叫"滩皮"，民间叫"二毛皮"。据历史记载，滩羊作为轻裘皮，于1755年就被列入宁夏五大特产之一，距今已有二百多年的历史。明清时期，晋商经营的"西路货"里，滩羊羊皮就是大宗物件。

我小的时候，祖父那一代人的人生梦想，就是拥有一件滩羊皮袄，出门时一披，精气神就来了。我读高中时，祖父送我到村口，总会拍拍肩，说上几句："好好读，以后有出息了，就给爷爷买件宁夏的皮袄。"

彼时，在我有限的认知里还没有"滩羊"一词。

扯远了，还是说滩羊肉吧。

滩羊，因主要取其羊皮，一只羊羔在四十天左右时就被屠宰，以取羊皮；所以，肉质细嫩，亦无膻味，特别适合下锅制作，这也就是在靖远吃羊肉吃的是羊羔肉而不是羊肉（成年羊）的原因了。但是，好多人有所不知的是，靖远羊羔肉之所以好吃，跟滩羊食用中草药也大有关系。靖远位于甘肃中部，每逢酷暑，羊无法适应川地高温，只好转场到气候凉爽、水草茂盛的屈吴山、哈思山一带。这里山林茂密，遍地都是各类中草药。羔羊饥食药草,渴饮山泉,肉质的味道自然与众不同。我在哈思山下吃羊肉时,身边的当地朋友一口气就给我背出十余种中草药的名字:柴胡、败酱草、茵陈、旋复花、地椒、防风、薄荷、苍耳子、甘草、独活、麻黄、益母草等。

靖远游玩数日,我在哈思山下吃到的羊羔肉计有红烧、爆炒、黄焖三种。很多年过去了,我再没有去过靖远,但我经常想起那段时间的漫游,想起风景优美的哈思山,想起我们在哈思山下一家专营羊羔肉的小店里喝酒、吃肉、聊文学的往事。我甚至还记着那个夏天的烂漫山花,它们像山野里的小精灵,煞是可爱。哈思山是靖远的一座名山,明代有位官员登上哈思山上的哈思堡后,题诗写道:

黯淡山城古会州,胡天双目尽高邱。
春深柳色凝霜雪,日落鞭声起城楼。

读他的诗,我羞愧自己真是一介俗人,不思国事天下事,只想把自己味蕾之欢记录在案:时为2008年8月,夏秋之交,哈思山下食遍羊羔肉,大快人心矣——山上的野花开得烂漫热烈。

兰
州

一座城，一碗面

也许，外地人无法真正理解，久居于黄河穿城而过的兰州人，每天早晨醒来，洗漱完毕，在上班的路上会日复一日年复一年地吃一碗牛肉面，不管炎炎夏日还是寒冬腊月，百吃而不厌。为什么这座城的子民对一碗牛肉面如此一往情深呢？

像隐匿于大地深处的一个谜，深不可测。

正宗的牛肉面是马保子于1915年创制的，它有五项标准，概括起来就是一清、二白、三红、四绿、五黄——具体讲，就是汤要清亮、萝卜片要白、辣椒油要红、香菜蒜苗要绿、面条要黄亮。一碗牛肉面，只有具备这五样，才算一碗好面。不过，用现在流行的话说，其核心竞争力还是汤。马保子当年成功的秘诀也恰好是汤，而且，他最初的想法也是做汤。

马保子幼时家贫,在家里做面,无意间把煮过牛肉、羊肝的汤兑入面中,香味扑鼻,于是,他沿街开店,试图推出"进店一碗汤"的经营模式。渐渐地,清汤牛肉面声名大振,且有"闻香下马,知味停车"之美誉。

而熬汤时对牛肉也是有所选择的。兰州牛肉面一般选甘南草原上出产的肥嫩牦牛肉——请注意,一定要加少许牛脊髓、腿骨(俗称棒子骨)以及牛肝。此外,虽名为清汤牛肉面,但不是开水加盐那么简单,需要按比例加入花椒、草果、桂子、姜皮等香料,在一口特大的罐形铁锅内再加入本地特产的绿萝卜片熬成。但在煮肉的调味料里,一定不能放大香,怕夺走牛肉之香。所以,牛肉面之"清",是还原了本味的清香,更是自然的清香。

当然,作为汤面之一种,牛肉面的面也马虎不得,得选甘肃本地产的新鲜高筋面粉。这种面不仅蛋白质含量高,关键是拉扯数次而不易断裂。牛肉面的柔韧之味,就来自无数次的揉搓、拉扯、摔拉。看一位拉面师的手艺,颇有些"苦其心志,劳其筋骨"的味道,不过,将其视为面食艺术的造型表演也不为过,甚至,有人能看到面食的风情万种。

事实上,一碗牛肉面,无论汤还是面,任何一个环节的纰漏都会使其成为一碗遗憾的面。比如辣椒油的制作,得用温热的油炸到一定火候,火候不到,油没有辣味;火候过了,辣椒煳了,色变黑了,如同废品。而检验的标准,就是辣椒油放到碗里,若辣椒油与牛肉面汤浑然一体,用筷子挑起面条,辣椒油附于面上,红光闪闪,算为成功。

如果从几何学的角度来分析的话,经过拉面师傅魔术般的手,一碗牛肉面可以变幻出大致三种形状:圆形的、扁形的、不规则形的。圆形的又有粗的、二细、三细、细的、毛细五种;扁形的有大宽、薄宽、韭叶、皮带宽五种;不规则形的,一种是荞麦棱子——样子就像荞麦粒一样,呈现三个棱边,另一种是四棱形。不规则形的牛肉面最考验拉面师傅的水平,但食客不多,一般选择吃这种面的都是在吃一份好奇心。所以说,从面的形制上讲,不管谦谦君子还是窈窕淑女,也不管贩夫走卒还是高官富贾,总有一款适合你。

有一次,我听到这样一则故事。有一个南京男孩,认识了一个兰州女孩,他们在南京相识、相恋。这个女孩子在南京科巷发现了一家正宗的牛肉面馆后,硬是和男朋友在附近买了一套房子。结婚以后,她三天两头就要跑去吃牛肉面,吃得男主人公一见面馆就犯怵。

故事是我从火车上听来的。那次回乡之旅中软卧车厢里的女孩,就是故事的主人公。

在兰州,牛肉面已经是一种情结、一种生活方式。无论大人还是小孩,无论早餐还是午餐,都习惯吃一碗牛肉面。在这碗面的背后,是一种辽阔的文化背景,这背景里既有落日夕照的大漠戈壁、紫外线强射而来等地理因子,也有伊斯兰教的信仰与力量。所以说,牛肉面看似是一碗面,实则与泥沙俱下的黄河、高亢的陇原秦腔等西北风情,共同构成一座西北内陆城市的肌理与风骨。兰州的大街小巷遍布牛肉面馆,占地不大,食客如云,抢不上位子的,会端着碗蹲在街头吃。这也算是兰州的一道街景。

　　一个有趣的现象是，几乎每座城市的大街小巷都有兰州拉面馆的影子。作为快餐之一种，它因符合快节奏的城市生活而深得人心，但从美食的角度讲，它和真正的兰州牛肉面是风马牛不相及的。天南地北的兰州拉面馆，多为青海化隆人所开。据说，这是化隆政府部门扶贫项目里颇为成功的一个亮点。从脱贫致富的角度讲，收效固然不错，让不少从业者走上致富之路。当然，这又是另外一个话题了。有人曾经严厉地抨击说，全国各地的兰州拉面馆简直是对兰州牛肉面的亵渎。这样的说法可能失之偏激了，存在即合理。不过，每一个兰州人都在用自己的方式热爱着一碗牛肉面，演绎着一座城、一碗面的壮阔故事。

酿
皮
子

西北小吃里，处处能见酿皮子。

不同地方叫法不甚相同。宁夏人谓之"酿皮"，陕西人谓之"面皮"，也有叫"凉皮"的。而且，陕西的面皮，从原料上分，有大米和小麦之分，以大米最受欢迎，故又称"米皮"。众多的叫法里，我最喜欢兰州人的叫法：酿皮子。"酿"字，道出手艺的本质，后面又加一"子"字，率性，符合小吃的本意。而且，用兰州方言说出来的"酿皮子"，迅疾、粗砺，颇有筋道。

一碗好吃的酿皮子，就讲究两个字：筋道。或者说，筋道是酿皮子的灵魂。

兰州的酿皮子，可蒸可馏。蒸酿皮，余味悠长，褐色沉着；馏酿皮，金色发亮，薄细柔脆；两者色泽虽异，但味道基本一致。酿皮子虽"贱"为小吃,似乎难登大雅之堂,但我这些年回乡,和朋友聚餐时,总会点一盘。朋友们不肯,甚至反对,嫌太寒碜,但在我眼里它既可以当主食充饥解饿,也是一款很好的下酒菜。况且,我现在客居江南,很难吃到。苏州的凤凰广场地下一楼,有一家叫"老兰州"的小饭店,主营牛肉面,附带酿皮子、甜醅以及兰州风味的老酸奶。我是它的常客,每次去都要点一盘酿皮子——不知为什么,千里之外吃兰州酿皮子,总是吃不出金城风味。兰州,旧称金城。

我刚上班的那几年,手头紧,每每到了兰州,在名闻西北的美食街农民巷,和诗人郭晓琦等一帮子朋友,进不起大饭店,就在街边吃吃烤羊肉串,然后就着一盘酿皮子喝酒的场景,至今难以忘怀。这可是我们不朽的青春岁月啊。

酿皮子的家常味最珍贵。

偶尔想起母亲,我总能记得她在厨房忙着做酿皮的场景。她在一个平底锅里涂些清油,舀一勺面糊倒入锅中,然后端起锅前后左右摇摆的样子,多么温婉贤淑。等我读一会儿书再次跑进厨房的时候,酿皮已经整整齐齐地摆在案板上,晶莹黄亮,雪白如玉,煞是好看。

黄河鲤鱼

黄河之水天上来，奔流到海不复回——一条气势恢宏的大河，在中国传统文化里为人们提供的意象不是长河落日气吞山河，就是羊皮筏子顺河而下的苍茫风情，好像很少有人逆向思维一下，去想想黄河里的鱼究竟长什么样，好像一说到鱼就该是江南水乡的家常事。其实，黄河里的鱼古已有之，且声名远扬。

黄河鱼，最有代表性的是鲤鱼和鲇鱼。

这里略去鲇鱼，只说鲤鱼。自古以来，黄河鲤鱼就有"诸鱼之长""鲤为鱼王"之称。早在春秋战国时代，鲤鱼还是一款贵重的馈赠礼品，是身份名望的象征。据《史记·孔子世家》记载，孔子生了儿子，贵为一国之君的鲁昭公亲自祝贺时，送的贺礼就是一条鲤鱼。可见，黄河鲤鱼可不是普通的土特产。有趣的是,此后,孔子为其子取名孔鲤,山东孔府也从此有了不吃鲤鱼的禁忌。其实,黄河鲤鱼在孔子之前,就已经进入了古代典籍。《诗经》里的"岂其食鱼,必河之鲤",说的就是黄河鲤鱼。稍有点文化常识的人都知道,古代的河是特指黄河的。到了汉代,有了"就我求珍肴,金盘脍鲤鱼"的描述,而唐代,鲤鱼因"鲤"与"李"谐音而身价倍增,甚至到了不准买卖的地步。

一直以来,黄河鲤鱼以其肉质细嫩鲜美,金鳞赤尾,体形梭长的优美形态驰名中外,是我国的宝贵鱼类资源,与松江鲈鱼、兴凯湖大白鱼、松花江鳜鱼(鳌花)被誉为我国四大名鱼。

顺着黄河一路走过,就会发现,青海、甘肃、宁夏、陕西、河南,甚至山东与山西,皆有黄河鲤鱼,真是黄河流到哪里,黄河鲤鱼就出现在哪里,生生不息,绵延不绝。有一年,我去山西吕梁地区的碛口古镇玩,那是一座临黄河而建的古镇。在那家北临黄河的古老客栈里,我用一盘黄河鲤鱼犒劳自己奔走多日的劳顿。此菜是热情的客栈老板特意推荐的。鱼还在厨房里烹饪,与友人闲聊时已经开饮,携带着一身的暮色,山西名酒竹叶青的味道越发醇厚了。半小时后,清炖黄河鲤鱼款步上桌。整条鲤鱼在开口极大的陶质大碗里极其壮观。一看,就让人垂涎三尺、口角生津。动箸,开吃,其汤白如奶,肉质鲜美,香味宜人。自宽阔黄河而来且略带泥土气息的风,何等惬意!我以前虽吃过鲤鱼,但黄河鲤鱼却是头一次吃。黄河里的鱼,是大浪淘沙后的鱼,必然有着泥沙俱下的味道，就像一个长年奔走在田地上的农人一样，其衣着甚至体内散发出泥土的味道。果然，老板说，黄河鲤鱼不似其他鲤鱼，无腥气而多泥气，所以，一道上好的黄河鲤鱼，最重要的就是能将泥味彻底去掉。

后来，我还在宁夏吃到过黄河鲤鱼。

宁夏是西北的江南，尤其引黄灌区，有"鱼米之乡"的美称，黄河鲤鱼驰名中外。美中不足之处，餐桌上的鱼是淡水养的。宁夏淡水养鱼业历史悠久，明代诗人在灵武《渔村夕照》中有这样的描述："村居多以渔为业，得采归来喜不穷。"据说，现在已经很难吃上正宗的黄河鲤鱼了。水质污染、滥捕鱼、毒鱼、炸鱼，让黄河的天然水域生态平衡遭到破坏，黄河鲤鱼的产量在急剧下降。

据说，济南的糖醋黄河鲤鱼是一道名菜，《济南府志》里就有"黄河之鲤，南阳之蟹，且入食谱"的记载。而糖醋黄河鲤鱼发端于黄河重镇洛口。洛口就在黄河边上，这里的厨师不免靠河吃河，喜欢用鲜活的黄河鲤鱼做菜。其做法大致为先将鱼身割上刀纹，外裹芡糊，下油炸后，头尾翘起，再用著名的洛口老醋加糖制成糖醋汁，浇于其身。此菜香味扑鼻，外脆里嫩，且略带酸味，不久便成为名菜馆中的一道佳肴。因其声名大振，后来糖醋黄河鲤鱼又传到济南。济南汇泉楼的黄河鲤鱼很是出名，只是数年前经过济南，行色匆匆，少了口福。

相比之下，甘肃临洮的石烹黄河鲤鱼就更有大河风情了。

石烹是一种古老的烹调方式,至今,在甘肃临洮一带,还算是薪火相传吧,用来烹制菜肴和面点。石烹而成的黄河鲤鱼,在鱼香之外更见黄河风情,这风情更是一份古老的记忆,是黄河两岸底层生民日常生活的真实写照。

有首歌谣唱道:百品黄河鱼,人生不后悔。可是,活在高楼林立里的我们,哪能有这样的口福!不过,若他日细算吃得百回黄河鲤鱼,一个人也算是活够本了。

避暑小品

　　二十年前，我在兰州的一所三流大学里晃荡了三年时间，但对兰州美食所知不多，因为那时实在是穷，一日三餐，除了在食堂吃酸辣土豆丝和炒粉条，最奢侈的莫过于去龚家湾路拐角的一家牛肉面馆吃碗加了鸡蛋和牛肉的"牛大"，算是一次求之不得的生活改善了。所以，彼时的我，哪知兰州与灰豆子以及夏天之间的关系。直到2015年，也就是我迁居江南的三年后，一次在兰州与家人团聚，饕餮完一大盘手抓羊肉后，兄长说："来碗灰豆子吧！"

　　而我一脸茫然，不知灰豆子为何物。

　　很快，两碗灰豆子端上来了。碗是粗瓷大碗，满满一碗的黑紫色的粥，看起来颇壮观。喝了一口，微甜，有股枣香味。用勺子一搅，果然有煮烂的枣肉。且喝且聊，听着黄河水哗哗流过。这是临着黄河的一家特色小店,在滨河南路,号称一网打尽了兰州的各种小吃。环境也幽雅,一个下午的时间,就在一碗灰豆子汤面前惬意地过去了。

定居兰州的兄长告诉我,灰豆子就是兰州夏天的日常之物。老兰州人的夏天,几乎离不开它。等不喝了,一个夏天也就过去了。而煮灰豆子是慢活。前一晚上要将豆子泡软,第二天煮的时候加点红枣和碱,以及冰糖。煮好的灰豆子,呈黑紫色,黑乎乎的,喝起来,很沙,有点煳味,正好。一碗好的灰豆子,其制胜法宝有二:一是要取麻豌豆。豌豆的种类很多,但麻豌豆是兰州独有的,颜色跟平时吃的豌豆也不一样。二是煮的时候要加点"灰",此灰即蓬灰,一种兰州地区独有的从一种植物里提炼出来的食用碱。为什么要加它? 据说是可以让豆子绵软,还可以让汤有一股说不出来的香味——本来是豆子汤,却叫灰豆子,大抵就是这个原因吧。

老兰州人的灰豆子,都是在楼道里的煤炉上煮的。不温不火的煤火上,端坐着一口砂锅,锅里的豆子咕嘟咕嘟地冒着热气,来客人了,舀上一碗,凉一会儿,就可以喝了。

那一次离开兰州时,我特意带了灰豆子和蓬灰到苏州,可惜一直没有煮,不是没时间,而是少了一份心境。或者说,少了一份慢生活的耐心。在苏州这样的城市,似乎总有一股什么力量在背后推着你,脚步不敢停下来。美食,有时候吃的真是心境。

兰州的夏天,除了灰豆子,还有甜醅子亦可消暑。

夏日的兰州，大街小巷随处可见甜醅小店。店面都不大，但收拾得清爽整洁，经常能见到衣着时新的女子坐在长条桌上，吃一碗，擦擦嘴，走人。店主一般都是提前在家做好甜醅，再带出来摆摊。客人来了，盛一碗，往甜醅里兑些温开水，就好了。

甜醅子，用燕麦做的最佳。

甜醅的做法和醪糟很像，都是蒸熟后用甜酒曲发酵而成。但从营养学上讲，甜醅子略胜醪糟，因为燕麦的营养价值比糯米高，而且糯米容易让血糖上升。如果从口感上讲，燕麦更有筋道，有嚼劲，越嚼越过瘾。爱吃甜醅子的人，往往一碗是不够的。

偶尔回想起来，灰豆子和甜醅子，就像兰州美食中的避暑小品，让一座黄河穿城而过、泥沙俱下的城市有了脉脉温情。

百合记

有一年,去兰州探望兄长,临别之际,他给我塞了不少袋装百合:这和南方的百合不一样,送送朋友,挺好的。我吃过的百合,记忆里口味最佳的,好像是陕西的龙牙百合和江苏宜兴的百合,所以,当我知道兰州也产百合时,有点惊讶。况且,我在兰州还生活过三年时间。

后来,我才知道兰州百合竟然享誉陇上,甘肃一带还流传着这样一句顺口溜:天水苹果张掖梨,兰州百合赛过玉。

兰州百合和别处的百合相比,如果仅从外形上讲,它的特点突出了一个字:大。别处的百合宛似核桃那么大,而兰州百合像一个男人紧握的拳头那么大。这恰好映衬了兰州是一座粗犷的老城。新鲜的兰州百合,剥开,数十瓣鳞片层层抱合,仿佛一个温暖的家,每片晶莹白净如玉,望之,让人难免想到百合之意竟然如此暖心。而且,兰州的百合无苦味,直接可以空口生吃,不似别处的要佐糖。兰州百合之所以与众不同,跟兰州的环境息息有关。百合的生长,要求海拔高,昼夜温差大,日照充足,雨水也要适宜,而兰州的西果园一带正好具备这些条件,因此,兰州百合有西北"百蔬之王"的美称。

有科技部门鉴定过,兰州百合富含人体所需的八种氨基酸,是理想的养生滋补佳品。难怪,兰州百合早在明代就已经贵为贡品,在明万历年间的《临洮府志》里已有入馔的记载。20世纪40年代,诗人张思温路经兰州,看到山坡多种百合,写下《百合》诗:"陇头地厚种山田,百合收根大若拳。三载耕耡成一获,万人饮膳值新年。金盘佐酒如酥润,玉手调羹入馔鲜。寒夜围炉银烛耀,素心相对照无眠。"这个诗人真是不简单,短短一首诗就把百合的栽培特点、上市时间以及过春节时食用的民俗都写得清清楚楚。

有趣的是,南方人引百合为馔,多以甜品为主,比如冰糖百合、干蒸百合、百合粥等,大多是餐桌上的搭配而已。而兰州百合却以"百合宴"而闻名。如此说来,南方人把百合吃成小品,而兰州人把百合吃成大写意。20世纪80年代中期,有个叫柴学勇的烹饪大师,痴迷于研究百合烹饪技术,并结合甘肃的风土人情,创制了数十款菜点的"百合宴",一度传为佳话。单单一个"百合宴",有的以百合为主料,有的以百合为辅料,烹调方法也多种多样,蒸、煮、汆、炸、炒、煨、炖、煎、烩兼而有之,既有冷盘和热菜,又有羹汤和面点小吃,一应俱全,可谓百合大世界。

现在,我每回兰州,总要吃吃与百合有关的菜,印象中最深的有两款:鸡丝百合羹与蜜汁百合。鸡丝百合羹特别讲究刀功,要将鸡脯肉、鲜百合、胡萝卜和水发香菇,先片成厚薄一致的片,再切成长短一样的丝,焯水后放入砂锅,加入高汤,用小火烧三十分钟,待汤汁稠浓时便成。这个菜不只色泽丰腴,清香扑鼻,且营养丰富,益气养身,确是一款雅致的陇上风味。

蜜汁百合,吃的就是那点甜。

在高原上,百合的甜,仿佛对一个人的思念,既挥之不去,又心生怅然。

临夏 · 甘南

河沿面片

北宋诗人梅尧臣写过一首诗,题曰《田家》,其中写道:"灯前饭何有?白薤露中肥。"依我的猜测,诗人如此质朴的句子应该来自一次郊游或者踏青。返回的路上,累了,也饿了,想吃点东西,遂在途经的一个小小村落寻进一户人家,一盏灯下,还真有白薤可食。喜悦之余,遂赋此诗以记之。

而这种专供旅人途中的可食之物,在甘南、临夏一带也有,它就是河沿面片。

听听这名字,多有趣别致。在美食的命名上,有的以人命之,如宋嫂玉羹;有的以地命之,如杭州的西湖醋鱼。其实,河沿面片也算是以地而名之,但它的独特之处在于并非特指某一具体之地,而是地名之大大到让你丈二和尚摸不着头脑。因为辽阔天地间,河太多,河沿自然也就多了。但是，常在西北边地游走的人就会知道，河沿面片是甘南、临夏一带的一道美食。

河沿面片里的"河"，是洮河。这是一条横陈于兰州与甘南、临夏一带的大河。最早，往来于兰州和临夏间的商贩们常常要在路上吃些面食，就在洮河沿边搭锅设灶，久之，面食之法渐渐传至临夏、甘南一带。窃以为，河沿面片的推而广之，肯定与临夏甘南一带当年常常出门的脚户有关。那时候，他们远走天涯，传播花儿，维持生计，奔走路上，想吃一碗家里的面片，可又出门在外，吃不上，怎么办？头脑活络的人就在脚户们常常投宿的洮河边，开一家这样的小饭馆，经营家常饭，遂取名"河沿面片"。这么一说，你就会明白，河沿面片绝非什么怪异之食，实际上也就是当地人常吃的一种带汤的面片而已——更准确地说，就是一碗羊肉面片。它的做法跟羊肉面片的做法基本无异：制作时，先将面粉用水调和、揉搓、捏团，捏成粗条状，之后掐成小团，蘸油搓成小条，稍发酵片刻，压扁之后在沸水中揪入面片。待熟后用笊打入碗中，放入清汤或臊子，撒上蒜苗丝、香菜即可食用。

但河沿面片更深的意义，如同在古代的驿站歇息一样，让一个旅途劳顿的人在天低野旷的路上有一碗热气腾腾的面可食，在陈设简陋的小面馆里跟小厮说几句话，从老板娘跟前打听一下后面路程，甚至能让寂寞的路途生出一丝尘世的温暖。这些都是河沿面片的人文意义吧。

其实，这也是我浪迹临夏一带时的经历。

至今，我还记得积石山下那个大雨滂沱的夜晚，那个贤淑的回族妇女给我借来的雨具，以及那一碗热气腾腾的面片。她的河沿面片，比我吃过的任何一家都香。就是那一次，我听她讲，在临夏一带有句谣谚——"上炕裁缝，下炕厨子"——意谓积石山一带的人，因为以面食为主，对即将出嫁的女儿要进行厨艺培训，等出嫁后新娘要在婆家做"试刀面"，以展示厨艺。

　　她自豪地说："我的试刀面，公婆家满意后才同意让我出来开饭馆的，要不，想干也出不来！"

诗人阳飏的诗集《风起兮》的开篇之作，就是《羊皮筏子》：

羊皮筏子就是

把吃青草的羊的皮

整张剥下来灌足气

将它们赶到河里去

两种牧羊形式大不一样

现实主义加浪漫主义加不加魔幻主义

我在主义之外

看一群羊在河里

全身没有一根毛

没有弯弯好看的角

像是一堆顺河而下的大石头

　　在兰州黄河风情线玩过的人,大多坐过羊皮筏子,在
"像是一堆顺河而下的大石头"上看黄河两岸的城市风景,
顺便尖叫几声,然后寻一家街巷深处的小店吃一碗正宗的
牛肉面,才舍得撤回到自己凡俗的生活。作为一种古老的
水上工具,黄河上的羊皮筏子十分契合兰州这座边地之城
的精神气质,只是这些年,随着一座座黄河大桥拔地而起,
它也渐渐地沦为一种娱乐工具了。

　　青海青,黄河黄。

　　黄河给甘肃留下的不仅仅是羊皮筏子,还有羊肉筏子。
但羊肉筏子却是临夏的美食——不过,临夏民间称其为发
子面肠。临夏北濒湟水,跟兰州接壤,是黄河上游的一个回
族自治州,早在春秋时期,是羌、戎聚居之地,这就形成临夏
风味独特的美食传统。羊肉筏子就是其中之一。说实话,
作为甘肃人,我也只吃过一次,是在夜市摊上偶遇的。摊主
是回民,中年,一脸憨厚。他的摊位前支一火炉、一铁锅、一
小案、一小桌而已。我一坐下,他就将早已蒸熟的羊肠切成
寸段,在锅里加葱花、鲜姜丝,翻炒至微黄,出锅,随后熟稔
地浇了些蒜泥、辣椒油、老醋,就端上来了:

　　"老板,可以吃啦。"

　　我哪是什么老板,只是一个大地的漫游者,一个途经临
夏的异乡人。在这条有点油腻的长条桌上吃完一盘羊肉筏

子,抬头一看,河州大地的上空星辰明亮,暖若故乡。而这样的夜晚,一盘羊肉筏子下肚,给异乡人换取了一夜踏实的睡眠。

羊肉筏子的制作,颇为讲究。取新宰全羊的大肠,清洗干净待用,再将心、肝、羊腰子及精选肉剁细成肉馅,拌上细切的葱白、姜末、精盐、胡椒粉,调匀后灌入肠内,复用细细的麻绳扎口,蒸之。蒸熟的羊肠,看起来像一截吹足气的筏子——我想,这也是给它取名羊肉筏子的理由吧。

不过,既然以筏子命名,足见其历史之久。

筏子,作为一种古老简单的水上工具,曾经是临河而居的人家再平常不过的必需品了,但现在已经很难觅见筏子的踪影了。我最近一次见筏子,是在陇南康县的大山里,船夫就是用筏子把我们一大帮子红男绿女渡到红梅谷的深处的。后来,我闲读《齐民要术》,里面的一段话讲的似乎就是羊肉筏子:"取羊盘肠,净洗治。细锉羊肉,令如笼肉,细切葱白、盐、豆豉、姜、椒末调和,令咸淡适中,以灌肠。"《齐民要术》计有十卷九十二篇,是中国现存最早的一部农书,有一千五百年的历史。据此推算,羊肉筏子的烹调之法估计至少有两千年的历史了。《齐民要术》系统总结的正是黄河中下游的生产生活经验,而临夏地处黄河上游,不知羊肉筏子沿着黄河一路传下去了没有?

吃
平
伙

　　我在韩则岭已经住了十来天了。

　　这是河州的一个小村子，但来头可不小，是国家民委命
名的首批少数民族特色村寨——这里的特色是够多的，光
家家户户取材于梅兰竹菊山水花鸟的砖雕，大半天也看不
完。围墙上统一的美轮美奂的穆斯林风格的装饰，拱北西侧
《古兰经》珍藏馆里的丰富藏品，都独具特色，富有可观之处。

　　韩则岭，既是村名，也是村子里的一条山梁。

　　这些天，我一直住在马尕西木家。

　　马尕西木的家，干净、整洁，每顿饭菜都很美味。这跟
他妻子阿依舍有很大的关系。阿依舍是很会操持家业的东
乡族女人，长得漂亮，人又贤惠。所以，一想到再过两天就
要离开，我心里还是不舍的。我一直在想，以后一定要邀请

这家人来苏州,带他们逛逛园林,看看太湖。尤其是阿依舍,没怎么出过远门,最远也就乘大巴去过一两趟省城兰州,外面的世界是什么样,对她就是个谜。晚上,我刚要出门散步,想和韩则岭的一草一木、一牛一羊道别时,恰好碰上了马尕西木。他笑着对我说:

"明晚带你吃平伙!你肯定感兴趣的。"

按理说,我在这儿待了这么长时间,该尝的也都尝了,算是对东乡族的风土人情略知一二,可又突然冒出来个"平伙",会是什么呢?

我问:"平伙是啥饭?"

"你去了就知道了!"

马尕西木质朴的脸上掠过一丝狡黠的笑容。这也证明我们这些天相处愉快。

第二天晚上,我跟着马尕西木去了韩胡塞尼的家。他俩是发小,关系不错,几乎全村人都知道。他们两家相距也不远,几分钟的路。一进韩胡塞尼的院子,就能闻到一股浓烈的羊肉香。家里已经来了客人,清一色的男人。马尕西木对我说:"都是村子里的。"原来,他们要在韩胡塞尼的家里搞聚会,这种聚会就是"吃平伙"。我和马尕西木来得最晚,一进屋,韩胡塞尼就招呼大家赶快落座。然后,他拉着我的手给大家介绍:"这位是大作家,来咱村子里体验生活的,所以不出份子钱了。不过,他得把这顿饭写出来,让全国人民都知道。"

我有点明白过来了,开始忐忑不安,生怕担不起这样的重任。

吃平伙,是东乡族亲朋好友聚会的风俗。农闲时节,或者雨雪天,几个人凑在一起,共同出资买一只羊,然后推选一户人家负责宰杀加工——辛苦的报酬就是不用再出钱了。今晚这顿饭就是韩胡塞尼负责张罗的。最让我惊讶的是吃平伙真正体现了公平与平等,无论贫富贵贱,一人一份,分量相同,不偏不倚,就连羊的每个部位诸如前后腿、肋条在分切时一样也不能少。

均匀地分完,韩胡塞尼说:"可以吃了!"

大家一边吃,一边有说有笑,个别的话,我听不懂,但分明能感受到他们的快乐。

吃完肉,开始往羊肉汤里揪面片。

东乡族人勤劳、勇敢,这些年也富起来了。若从经济条件讲,宰只羊招朋呼友,家家都置办得起,但他们还是愿意以这种方式相聚。这个夜晚,韩胡塞尼的家弥漫在快乐的气氛中,每个人的脸上都挂着笑容,就连那一杯杯三泡台茶,也是加了一次又一次水。聚会结束后,剩余的食物要各自带走。而吃平伙的钱,可以现场交,也可以以后交——他们称之为"八月账",也就是等粮食大丰收了,卖完粮食换了钱再来交,当然,这种情况现在很少了。东乡族的美食谱系里,东乡土豆片名闻天下。如果说东乡土豆片是他们的一张美食名片,那吃平伙则是平等友爱的精神写照,既有味蕾享受,更有风俗的沉淀。

再后来,我没去过临夏,也没吃过平伙。但仅有的一次,已然给我留下了美好的回忆。

十几年前，我第一次在《兰州晨报》举办的一场专题演唱会上听河州花儿时，就被它高亢抒情的声色彻底打动了。于是，托我的同事、兰州大学新闻系研究生胡丽霞找了不少河州花儿的资料，打算做一番研究。彼时，我年轻气盛，碰上喜欢的事物总有深究的冲动；后来，也就不了了之。但是，去花儿的故乡河州踏访一番的心愿一直深埋心底，未曾泯灭。一晃，十年过去了——2016年的春夏之交，我从太湖之畔的姑苏古城出发，到达临夏，对河州花儿进行了一次长达十余天的田野考察。临近结束时，当地的诗人朋友说："你已经离开甘肃了，变成南方人了，回来一趟不容易，还是带你去看看保安族的风情吧。"

我有一把保安腰刀，是作家朋友李萍送的。对保安族的历史,我也略知一二。起初,他们的先民居住在青海同仁县境内,大约在明万历年间,设有"保安营"的同仁隆务镇渐渐形成藏、汉、蒙古、回、土、撒拉等多民族大杂居、小聚居的复杂情况。同治年间,聚居在同仁地区保安、下庄、尕撒尔三地的保安人东迁至甘肃河州大河家的大墩、甘河滩、梅坡等地。后来,保安、下庄、尕撒尔三个地方也被称为"保安三庄"。中华人民共和国成立后进行民族识别时,根据民族意愿,以其原居住地"保安"一词为基础,正式命名为保安族。

这是一个甘肃独有的少数民族,恭敬不如从命,我就跟随朋友去了。

此行的目的地,是保安族聚居地之一的甘河滩村。朋友长年致力于临夏地方历史文化研究,保安族就是其研究的方向之一,之前因公也没少去甘河滩。所以,一进村子,好多人和他打招呼,看起来很熟。很快,我们被马日勒迎到了家中。保安族的村落一般坐落在山腰、山脚或者沿川一带相对平坦向阳的地方,一家一院,但他们把院子叫"庄廓",每个"庄廓"由堂屋、灶房、客厅、圈舍组成。堂屋是长辈的住室,居庭院正中上首,一般是三间相连,算是庄廓的主体建筑。灶房和客厅分别建于堂屋两旁,也有的灶房与客厅相连。

马日勒是村子里的致富能手,他的庄廓干净整齐,宽敞明亮,还装上了新式门窗。我们一进去就被迎上炕。迎客上炕,这在西北是最高的礼遇。当然,座位也是有讲究的,要坐到炕的左边,然后,先端茶,再上食物。刚刚坐定,马日勒的妻子就端上来一大盘大饼和馒头。跟我同行的一位记者早就有了饿意,怯怯地问:"可以吃吗?"我的朋友说:"还不能吃。"这也是保安族的风俗,得先由一名年长的老人或家庭主人念诵一段《古兰经》,表达对真主赐给我们食物的感激之情。就在这个时候,马日勒的老父亲急匆匆赶来了,他念了一段《古兰经》,然后,微微一笑,又走了。

马日勒掰开馒头,分给我们。

我是吃馒头长大的,吃得出好坏。他家的馒头是纯手工的,有一股面香味,这对南迁的我来说,是一股久违的味道。

过了一会,一盘热气腾腾的手抓羊肉端上来了。

这是保安族人待客的第二道菜。马日勒不停地说:"你们来得太匆忙了,不然可以整个全羊宴。""整",在西北是一个常见字,干脆、果断。保安族人的全羊宴很出名,但也只能错过了。吃得差不多了,最后端上来的是细丝面条,每人一碗。

吃完,朋友说:"马日勒,整个舞吧。"

原来,马日勒是村子里跳"斗来舞"的高手。"斗来舞"是保安族婚礼上才跳的舞蹈,今晚是派不上用场的。那马日勒会跳什么舞呢?马日勒什么话也没说,下炕,穿好鞋,给大家深深地鞠了一躬,有点羞涩地说:"来段'五比舞'。"

话音一落,他就跳起来了。

也许,因为长年跳舞,他动作熟练,姿势欢快,时而摇头,时而屈伸,时而又踮起脚尖,从这些简单的动作能看得出,他一定是个舞蹈行家。不仅如此,他还唱着歌,用保安族语言唱。我问,歌词怎么写;朋友说,保安族只有语言没有文字,他们的语言属阿尔泰语系,蒙古语族。

夜,渐渐深了。我如愿留宿甘河滩,住在马日勒家里。朋友因次日还有公务在身,赶夜路回了。第二天早晨,马日勒送我到村口,叫来一辆摩托车送我去车站。颠簸的路上,我一直在想,昨晚的晚餐虽然简单了些,但那种仪式感,面对食物时心怀感恩的场景,让人难忘。然而,我们身边多少人在一桌桌大餐面前早就无动于衷了。

蕨麻哲则

佐盖多玛,是甘南的一个牧区。

有一年,我去那里采访一个志愿者,当天无法返回。当
地的宣传部门想安排我住政府招待所,被我婉拒。好不容
易来到牧区,我当然想就近住在牧民的家里,也算此行的意
外之喜。于是,他们领着我,绕过一条小河和几家藏寨,来
到了才让拉姆的家。才让拉姆长得极漂亮,她的妈妈慈祥,
爸爸壮实。晚餐就在他们家吃,手抓羊肉、奶茶、糌粑,外加
一小碗羊肉面片,吃得很踏实。

然后,我回房整理采访笔记。

次日早晨起床,本不想打扰他们,简单泡点随身带的方
便面,可以早早去赶开往兰州的大巴。我去厨房间找开水
时,才让拉姆的妈妈已经在忙了。她见我端着泡面,有点不

开心："到这里来，不能凑合啊。"

我尴尬地笑了笑。

"吃碗蕨麻哲则，再上路吧。"

哲则，藏语里是米饭之意。我常来甘南，只是听说过，未曾一尝。我也不好意思去拦下她，只好回房。很快，她用一个木质的盘子端来了半盆米饭、半盆煮熟的蕨麻。米饭是酥油拌过的。她麻利地给我各盛了一半，撒了些白糖，又浇了些酥油汁，递过来："拌一拌，就可以了。"

味道真不错，甜而不涩，油而不腻。应该说，这是很别致的一顿早餐，有藏式风情。我一边吃，一边听她讲她家的牛羊有多么听话，她的女儿舞跳得有多美，她的丈夫射箭技艺又有多高。

这真是一个幸福的藏地之家。

之前，我喝过一段时间的蕨麻水，与水同泡，据说颇有营养——这是一位相知多年的老中医见我气色不好后给我的建议。这次在佐盖多玛吃到蕨麻哲则，应该与蕨麻是藏地特产有关。据说，《西游记》里孙悟空偷吃的"人参果"就是蕨麻，不知是真是假。不过，在甘南藏区广阔的草甸上，蕨麻处处可见，且被藏人称为长寿果。它的用途很广，根可入药，茎叶可提取染料，亦能酿酒。

大地，永远是我们的课堂。

河西走廊

凉州「三套车」

一提到"三套车"，你一定会情不自禁地联想到那支流传甚广的俄罗斯民歌：《三套车》。是的，它和《喀秋莎》一样，是一首老一代知识分子开口即能唱的经典老歌。可惜现在的年轻人已经不喜欢那悠扬的旋律了，改唱流行歌曲了。但我现在要说的"三套车"，与音乐无关，是一道在茫茫风沙的河西走廊上令人备感温情的美食。

如其名所言，既为"三套车"，自然由三部分组成的，分别是行面拉条子、凉州卤肉、茯茶。

先说行面拉条子。

拉条子是西北常见的拉面之一种，但"三套车"的行面，因为用的是本地小麦——日照时间长，又有祁连山雪水灌溉——所以，吃起来极有筋道。古凉州武威的北关市场，是

"三套车"的集中地。只要你访食于此，就能见到拉面师傅甩着如同皮带宽的长面，在宽大的案板上啪啪作响，且于手掌中上下翻飞几次后，趁你眼花缭乱之际，长长的面已经飞入热气腾腾的锅里。等面煮熟，浇上配有胡萝卜丁、豆腐丁、瘦肉、葱、蒜、姜末、辣椒、醋、盐的卤子，一碗面就端上来了。其实，最初叫"饧面"，久而久之，因音同而改叫"行面"了。

再说凉州卤肉。

卤肉之优劣，关键处在于卤汁的好坏。民间有"百年卤汁"的说法，意在强调卤汁使用的时间越久，卤制的肉食味道就越醇厚。而凉州卤肉的特色之一就是多次卤制而成，据说，历史最久的卤汁已有八十多年了，所以，这样的卤肉吃起来肉质鲜嫩，香而不腻，筋道不烂，口感特别。

如果说行面与卤肉是凉州"三套车"的物质基础，那么，一杯红枣煮茯茶就是它的点睛之笔。

在凉州，红枣煮茯茶是普通百姓的"工夫茶"，与福建正儿八经的"工夫茶"有异曲同工之妙。它是以红枣、桂圆、茴香等十八种原料熬制而成，古色古香，红润透亮，集乡风民俗于一身，故有"凉州古咖啡"之称。正宗的茯茶，一定要加烧烤过的红枣、枸杞，在炉灶上熬成晶莹透亮的酒红色，才能上桌。熬好后，盛入铜锅，当那把铜壶里还在沸腾的茶水注入杯中，茶香味和着焦枣味的鲜美，扑面而来。在你刚刚狼吞虎咽吃下一碗面、一碟卤肉后，再喝一碗冒着热气的热茶，实在是恰到好处。

2009 年,我西行游玩,途经武威,已是夜半。记得那次住的是武威宾馆,一放下行李,就寻至北关老市场,挑了一家老店去吃"三套车"。"三套车"是武威的家常饭,但对于诸多外地游客而言,是民俗风情的一部分。别有趣味的是,食肆林立的北关市场,不少店家也不是同时兼营,而是肉是肉、面是面、茶是茶,走的是一条专业化路子。假如你被店家的吆喝声吸引进店,服务员会根据你的要求下单,于是,外面的各摊儿忙起来了,切肉的切肉,拉面的拉面,倒茶的倒茶。等顾客吃完付钱之后,他们再统一分账,拿走各自应得的一部分。而在客人面前,他们其乐融融,默契得一般人根本看不出来是不同的店。

地处河西走廊的凉州,因独特的地理位置形成中西交汇的文化特色以及质朴善良、热情豪放的民风。而凉州人却把普普通通的拉条子、卤肉、茯茶巧妙地结合在一起,还起了一个如此雅致的名字,仿佛在漫长而疲倦的旅途上听到了一句温馨的话:西出阳关无故人啊,请珍重加衣,请吃饱穿暖。

是的,西行路上多壮士,更西的地方,是夜光美酒的酒泉、佛光照耀的敦煌以及大美新疆。

炒炮是什么？一碗面而已。

但这样的名字，因了一个"炮"字，给人的不是安居乐业的安稳之感，反倒有点兵荒马乱的意思。不过，它的确是一碗面。当一碗炒炮端上桌，我不但改变了自己的错误看法，内心里反倒更加踏实了一些。也许，因为它比我在北方吃了好多年的拉条子短一些、壮实一些吧，我像是遇到了憨厚的故人。当然，如此武断地认知炒炮，既是肤浅之见，又失之于皮毛。毕竟，它的做法与炒拉条迥然不同。炒拉条的面是拉出来的，炒炮的面是搓出来的，而且要搓成筷子般粗，再揪成寸段，开水中煮熟，与卤水豆腐汤炒均匀，再覆一层卤肉，至此，一碗炒炮才算大功告成。

我在张掖第一次吃炒炮，对卤水豆腐汤就很感兴趣。

它是将小粒的豆腐用卤汤炒熟。这是我头一次遇到这种做法。而在张掖本地人看来,最值得一提的是搭配炒炮的卤肉,得选上好猪肉,用十几种调味品和中药材及老卤汤文火慢炖,才会有肥而不腻的口感。我在张掖最有名的孙记炒炮老店吃过一次,友人热情,佐以猪手及数种小菜,竟然把一碗炒炮吃成了一桌饕餮大餐。

不过,吃炒炮,先端上来的往往是一碗面汤。

桌子上都放着一只大水壶,里面的不是菊花茶,也不是荞麦茶,而是温热的面汤。这架势和东北饺子馆有些相似。在西北,喝面汤是吃一碗面的前奏或者尾声部分。而在中国南方,似乎没有人去喝面汤。南方的面皆为机器面,所以面汤也是清汤寡水的。

炒炮的命名,显然是取其形。一根根寸段长的面条,细看,真是状若鞭炮。西北人的方言里,把鞭炮叫"炮杖子"。张掖人把炒炮也叫"炮杖子",叫得亲切,像喊它的乳名。记得小时候学习王安石的"爆竹声中一岁除"时,有调皮捣蛋的同学就打趣地改成"炮杖声中一岁除"。我从炒炮联想到的不是张掖的大佛寺,而是幼时旧事,是因为有一段经历太刻骨铭心了。幼时,家贫,每逢春节,父亲买的鞭炮不多不少,只有一墩,一百个,然后平分给我和哥哥,每人五十个。那正是贪玩的年纪,好不容易熬到过年了,喜欢把炮杖点着,扔到房顶、场院,然后静静地听它的响声。可惜,只能买得起一墩,实在太少了,我和哥哥就会把自己的一部分藏来藏去,生怕对方偷——因为年年我们都会偷拿对方的。有一年,我太贪心,一下子偷走哥哥的十几个,被他发现了,为此还打了一架。这一架,打得让全家人的年也过得闷闷不乐。

扯远了,继续说炒炮。

张掖有一条河,叫黑河,是国内第二大内陆河。河水流向远方,留给张掖的就是粮食盈仓——炒炮的面粉来自张掖本地产的小麦。

据说,张掖人吃炒炮,能吃出小麦是不是黑河边长的。

兰州以西，就是赫赫有名的河西走廊了。

与这条长廊相依相伴的是一座同样有名的山：祁连山。祁连山下，大地丰饶，水草丰美，牛羊成群。如果你是一位闲庭信步的旅人，祁连山下赐予你的，除了雪山、草原、芨芨草之外，一定还有一盘羊肉垫卷。西出兰州，直到敦煌，处处都能遇到羊肉垫卷，因为它是河西走廊的家常便饭。回忆起来，我数次游历河西走廊，一路吃下来，似乎永昌和山丹的羊肉垫卷，味道更佳。

倘若要比较，应该是这样的：永昌的羊肉垫卷，滋味醇厚，一如睿智老人；山丹的羊肉垫卷口感鲜嫩，宛似锦绣书生。不过，纵使味蕾有万般差异，羊肉垫卷最初的制作，都肇始于河西走廊一带每年冬春两季的"杀羔"之俗。为什么要杀羔呢？因为每年的这两个季节，是羊羔大量繁殖的季节，然而，草原的面积有限，为了更好地放牧，也为了保护草场，牧民们只能根据草原的载畜量有计划有比例地宰杀一批小羊羔，以保持牧场的生态平衡。那些被宰杀的小羊羔，比兔子大不了多少，想想，这也是残忍的事，但牧民们只能忍痛割爱，含泪宰羊。小羊羔被宰，他们把羊皮绷起来，制成皮袄，而细嫩的肉，取炖煮之法，做成羊肉垫卷，最是味美。

我佛慈悲。

羊肉垫卷的做法，并不复杂。将羊羔肉剁成碎块，清油爆炒，辅以蒜片、葱段、干椒，佐以姜粉、花椒粉、盐等，加水焖至八成熟时，将和好的面擀成薄饼，抹上清油，卷成筒形，切成寸段，置于肉上，复焖之炖之，待面熟肉烂，即告成功。

羊肉垫卷和手抓羊肉显然不同。前者婉约，后者豪迈。手抓羊肉的地道吃法，是一手执肉，一手捏一瓣新切的蒜片，是谓"吃肉不吃蒜，营养减一半"也。而羊肉垫卷的吃法不必如此豪迈，得举箸而食，甚至可以一口肉、一口面，再抿一口小酒，闲情逸致地吃。但千万不要小看羊肉垫卷里的面，它是点睛之笔——往小说，尽显河西走廊面食的精致；往大说，和纯粹的游牧生活方式有所区别，透出农耕文明的光芒。

我以为，羊肉垫卷的吃法，最理想的该是在夏日的祁连山下。

择一小片绿油油的草甸，诸友围聚一起，清凉的夏风挟着花香而来,大盘吃羊肉垫卷,大碗喝青稞美酒。之后,骑一匹快马在草原上奔跑一圈,虽然腰不佩剑,也觉快意人生。

　　夏日塔拉,听起来像一个少数民族女孩的名字,其实是一片草原的名字,在张掖肃南裕固族自治县的东端。裕固族是"少数民族中的少数民族",人口总数不足两万人——这是几年前的数字,不知现在超过了没有。每个裕固族人都是幸福的,因为他们拥有一片美丽的草原:夏日塔拉。

　　裕固族语里,夏日塔拉就是金色草原的意思。

　　六年前的夏天,我去过一次夏日塔拉,盛开的各色花朵将整个草原打扮成一幅宛如梦境般美丽的水墨画,难怪它被《中国国家地理》杂志评为"全国最美的六大草原之一"!草原上临风怒放的花海波涛汹涌,抬眼望去,天空瓦蓝,远处的祁连山雪峰如同一道长长的刀子,将蓝天与大地分割开来,非常壮观。不得不承认,夏日塔拉的花草实在太丰富了。据说,有一位德国植物学专家考察后发现,这里的每平方米草地上竟然有七十种花草!当越来越多的人被雾霾与滚滚车流裹挟得喘不过气时,裕固族人却乐享着这片草原。这是上天赐予他们的礼物,一份由雪山、草原、湖泊、峡谷、森林组成的精致礼物。

从夏日塔拉草原归来,我本可连夜赶回张掖,最后却决定夜宿裕固族县城。毕竟,这是一个很有味道的小城。洗了个热水澡后,上街寻食。县城的街道干净整齐,夜风里的清凉裹挟着一股淡淡的花香味。街上行人稀少,有的店铺已经打烊,我担心再拖下去会饿肚子,就钻进了一家专营牛肉小饭的小店。

之前,我知道牛肉小饭是张掖的风味小吃,因其面块小、肉块小、豆腐小、菜丁小,故名小饭。它的大致做法是将压面机压出来的长条面手工切成饭粒大小,过水煮熟后,浇上勾好的汤汁——当然是用牛骨汤熬制的,再配以黄牛肉片、粉条、豆腐片。记得那晚的牛肉小饭,我吃得特别香,稀里糊涂,两碗就下肚了。最后还来了兴致,喝了一瓶啤酒。第二天,告别肃南,回到张掖市区,满大街都是牛肉小饭的小店。我再没有吃,倒是从《张掖日报》的一位同人跟前听到了一则有趣的段子:

老张掖人的吃法是,店门口一蹲,呼噜呼噜地吃完半碗,让老板再加一勺汤,吃完,鼻涕一搋走人;年轻人的吃法是,辣子多些面多些,粉皮子多些肉多些;女汉子的吃法是,加肉加蛋,一个大碗瓣蒜;重口味的吃法是,辣子八下醋六秒;宿醉未醒的吃法是,汤多些,辣子少些,面少些;游客的吃法是,来份牛肉小饭,尝尝鲜。

牛肉小饭是张掖人的家常便饭,但我更怀念夏日塔拉的牛肉小饭。我吃得懵懵懂懂,有初恋的青涩之感,但记忆深刻,忘也忘不掉。也许,是美丽的夏日塔拉的作用吧。

在南方的雨夜想念一碗糊锅

南方的燠热实在让人有些心烦意乱，好在一场名叫尼伯特的台风呼啸而来；紧随其后的是一场大雨——终于有一场雨来了，仿佛久别重逢的老友。好久没见过这么大的雨，我该如何庆祝它的到来呢？

还是喝杯杨梅烧酒吧。

今年，酿了三坛杨梅烧酒。杨梅是东山的乌紫杨梅，酒是特意从临安带来的古法烧酒，据说手艺是口口相传下来的。它们碰到一起，像是绝配。我喝杨梅烧酒，一直用的是从甘肃酒泉带来的夜光杯。杯口不大，刚好放两颗杨梅，不多也不少。喝着喝着，忽然想起了酒泉的糊锅。酒泉我去过多次，每次都喝醉，所以，关于酒泉的记忆有些模糊，有种宿醉未醒的感觉；但诗人倪长录陪我吃过的糊锅，却一直念念不忘，尤其是店门口的那口锅，大而结实，古旧得很，像是文物。为什么要支一口这么大的锅呢？我一直也没弄明白。莫非河西风大，怕被风吹倒？

进店坐下，能闻到一股浓烈的胡椒味和生姜味。

生姜和胡椒，是一碗糊锅必不可少的调料，刺鼻的气息，仿佛加重了丝绸之路的边关意味。

大锅里的汤是早就烧好的，一直滚着。店主见我们坐下，就把面筋、麻花、粉皮放入汤里，稍微一煮，就盛入粗瓷大碗中，上桌了。糊锅吃起来，面筋酥软，麻花香脆，粉皮滑爽，汤汁里的鸡香味混杂着生姜和胡椒的辛辣。一碗下肚，全身顿觉暖和，刚好吻合内心深处对积雪的万般思念。

糊锅从何而来，典籍鲜有记载。

听当地人讲，有这样一则传说。在很遥远的年代，几个来河西走廊经商的异乡人，眼看春节就要到了，但不能回乡和亲人们团聚，就各自带了点熟食凑在一起过年——用现在流行的话讲，就是抱团取暖。这一次，他们各自把面筋、麻花烩了一大锅，算是异乡人简单的年夜饭了。没想到，热腾腾、稠糊糊的"大杂烩"竟然别有风味。于是，有人开始效仿，后来当地人又做了改良，这"大杂烩"逐渐成为一道风味独特的小吃："糊锅"。

酒泉的糊锅和河南周口的胡辣汤是有区别的。当然，酒泉糊锅跟"煳了锅"也是风马牛不相及的。一个长年生活在酒泉的人，对糊锅是一往情深的。这从酒泉诗人倪长录的吃相上就一目了然。一个人与一道朝夕相伴的美食，像是一对老夫妻，有相濡以沫的沉浸之感；而对外地美食，哪怕再香，也只是猎奇之心。诗人倪长录在一碗糊锅面前，有日常的平淡与从容，甚至有一颗不羡大雅、心系一隅的淡然之情。因为家常，酒泉的大街小巷随处可见或大或小的糊锅店。它们陈设简单，门口支一大锅，里面摆几张桌子，如此而已。但酒泉人一见就想吃，一吃即饱，甚至每个远离家乡的酒泉人天天念叨的也就是一碗糊锅。

异乡人，是狭长的河西走廊上永不褪色的一个话题，有无数传奇的故事在不断生长。也许，这也是我在南方的雨夜忽然想起它的原因之一吧。人在异乡，思念糊锅，尽管它不是我家乡天水的美食，但它是甘肃的，无论身在哪里，我都是一个甘肃人，甘肃是我的家乡。

忘了说，糊锅要趁热吃，就像出名要趁早一样。这也是倪长录告诉我的。而我想说，吃一碗糊锅，然后糊里糊涂地过完余生也挺好。这不正是古人倡导的"难得糊涂"吗？

驴肉黄面

有一次,我带一帮南方的朋友去敦煌玩。临行前,他们除了问海拔高不高,就是问有什么好吃的。我答:"敦煌夜市很大,吃的嘛,随便挑。"他们复问:"具体呢?"

我答:"驴肉黄面好吃!"

"什么?"

"驴肉黄面!"

大抵是听到"驴"这个字,他们面面相觑,甚至一脸茫然。吃惯鱼虾长大的人,让他们的味蕾接受驴肉,需要一个过程的。我敢保证,在太湖之畔长大的他们基本上没有吃过驴肉。但在北方,驴既是下田的动物,更是美食,就连平时骂人时也总会冒出一句"驴日的"。在黄河边的靖远小城,"驴日的"看似有点像脏话却暗含分外的亲切。比方说,你看着老朋友的儿子一天天长高了,你会一边抚摸他的头一边说:"驴日的。"所以说,尽管关乎驴肉的美食没有牛羊肉那么普及,但驴肉在大西北也是常见的。况且,驴肉是一种高蛋白、低脂肪、低胆固醇的肉类。中医专家认为,驴肉性味甘凉,有补气养血、滋阴壮阳、安神去烦功效。倘若从营养学和食品学的角度看,驴肉比牛肉猪肉口感好、营养也高,尤其是生物价值特高的亚油酸、亚麻酸的含量远远高于猪肉、牛肉,所以驴肉自古是肉类中的上品。

话说回来,驴肉黄面的确是敦煌的美食名片。

就像陕西美食有一句几大怪的顺口溜一样,敦煌美食也有这样的顺口溜,其中一句就是"驴肉黄面门外拽"。一碗驴肉黄面是由两部分组成的:一是驴肉,二是手工拉制的黄面。驴肉已经讲过了,那就说说什么是黄面。黄面是敦煌本地特有的一种面粉,经揉、甩条等多道工序精心制作而成,因煮熟后略呈黄色,故名黄面。上好的黄面既要细,还要长,细要细得如龙须,长要长得如金线,这也就对拉面师傅提出了更高的要求。我在敦煌的街头,见过一位拉面师傅,他双手舞动着一块淡黄色的面团,时而伸拉成长条状,时而旋转成麻花状,像变戏法一样地把一个足有六七斤重的面团,瞬间拉成细粉丝样的面条。

这些年,敦煌的游客人满为患,估计去过的人也都看到了,敦煌满大街都是驴肉黄面馆。不过,创始于清朝末年的顺张黄面馆,是敦煌唯一一家祖传五代的百年老店,已被列入敦煌非物质文化遗产保护单位。敦煌一带流行一句话:

"天上的龙肉,地上的驴肉。"此话足见当地人对驴肉的尊崇与喜欢。据说,莫高窟第156窟的壁画上就有制作黄面的生动场景,可见其历史之悠久。遗憾的是,我去过几次,这个窟都没进去过,与古代制作黄面的场景擦肩而过。

在我看来,在敦煌,看看壁画,吃一碗驴肉黄面,吹吹鸣沙山带着细沙的风,也算是一个敦煌的旅人啦。

敦
煌
菜

　　中国的饮食,经过长时间的演变,形成一整套自成体系
的烹饪技艺、风味以及被人们所认可的地方菜肴——清代
初期基本形成的计有鲁菜、川菜、粤菜、苏菜、浙菜、闽菜、湘
菜、徽菜在内的八大菜系。这八大菜系就是中国传统饮食
的标杆。当然,这是旧有的菜系格局,任何格局都处在不停
的变化之中。随着时代的发展,饮食界也渐渐出现了新的
格局,也就有了新的八大菜系——其中,西北偏北的敦煌菜
就忝列其间,这既让人始料未及,又有些理所当然。始料未
及的是敦煌毕竟偏远于西北一隅,理所当然的是这些年来
敦煌已经成为一个热门旅游地。

　　敦煌菜系的确立,绕不过一个关键人物:赵长安。我
看过不少他的访谈,得知他研究敦煌文化二十余年,从浩瀚

的敦煌文献里开发出不少敦煌菜品,并且不遗余力地推动敦煌菜的发展。随着对敦煌文献的持续研究,包括九色鹿、丝路驼铃、敦煌舞袖汤、雪山驼掌、阳关烤鱼等诸多承载了丝路元素的"敦煌菜"也应运而生。其实,且不说他个人的努力与敦煌菜品的品质究竟如何,单从历史的角度讲,敦煌菜独成体系也是站得住脚的。因丝绸之路而闻名于世的敦煌,是人类四大文明和三大宗教的交汇点,这种文化的复杂性表现在饮食上,就是敦煌文献中明确记载的饮食有七百多种,它们涉及食物原料、食品加工、食物品种、餐饮工具、饮食风俗等,无所不包。面对如此宝贵的财富,的确需要一个有心人沉潜其中。所以说,敦煌菜与众不同之处,就是每道菜都有章可循。这个"章",要么是敦煌壁画,要么是敦煌文献。当然,开发敦煌菜的难点也显而易见,那就是如何将存活于古老敦煌壁画和文献中的美食挖掘研发出来,"搬"到当代人的餐桌上。

当然,这是一条漫长的路。

不过,值得欣慰的是有赵长安这样的人在鸣沙山下潜心研究。就在我写这篇短文时,恰好看到一则报道:赵长安花了两年的时间新开发的"宴·敦煌"亮相2017年中国食品餐饮博览会,博得大家一致好评,实现了让敦煌菜从神秘莫测的壁画中走出来的梦想。报道称,"相较过去将多种敦煌菜自然组合成的敦煌宴,集合了众多敦煌文化和元素的'宴·敦煌',创造性地将敦煌'故事'或圣境圣水融入每道菜中,可谓一菜一典故,一席十'圣境'"。

"宴·敦煌"的菜单里,有一道叫"丝路驼铃"的菜,颇有意思。菜品的构思,源于敦煌壁画中的《张骞出使西域图》。此菜的"驼体"部分,取外形酷似驼茸的祁连山野生猴头菇拼制而成,观之逼真有趣,将后辈们对丝绸古道开拓者的缅怀之意表达得恰到好处,或者说,它能给人一种思接千古、情通万里的幽远之情。

敦煌的小吃

敦煌，因为一座石窟的存在，成为一个炙手可热的旅游景点。这座沙漠深处的小城，每年都会迎来数以千万计的游客。但是，长年厮居于斯的子民们，只知道无论你来与不来，敦煌石窟里的佛都在佑护着芸芸众生。当然，无论外面的世界多么拥挤热闹，他们的生活也是一如既往，上班、吃饭、睡觉以及赚点游客的钱，然后享受着他们独特的美食。

前些年，我在甘肃生活时，多次往返敦煌，或独行，或陪朋友，所以敦煌之于我不再是一处景点了，而是一种边地生活，以至于我对那里的小吃也略知一二，有几种至今印象深刻，兹记于下：

宽心捋面。一个女儿出嫁了，娘家人必在新婚之夜送去的一种面食——当地人叫“宽心面”，古称“索饼”。这是

一种有一千多年历史的古老面食了。一碗热气腾腾的宽心
抒面，让人能想到中国南方的父母们给出嫁的女儿送出的
樟木箱子，取的也是祝福之意。虽然我没有吃过宽心抒面，
但在敦煌的乡下，我见过一位老父亲派侄儿（也就是新娘的
堂弟）给女儿送宽心抒面时的场景。他老泪纵横，心中纵有
万千不舍，还是嘱托侄儿："一定要告诉你姐，要听婆家的
话，平日里也要手脚勤快，不能偷懒。"天下的父亲，莫不
如此。

西域煎饼。山东煎饼名闻天下，不少城市的大街小巷
就有山东煎饼的影子。不过，敦煌煎饼是敦煌汤饼里的一
类，敦煌文书里就有记载："此月三伏者何谓？其日食汤饼，
去瘴气，除恶疾。"敦煌人自古有食饼之俗，现在，敦煌的乡
下几乎家家都做这种口感偏软亦偏糯的煎饼。

红粟饽饦，俗称"高粱米节节"。粟，在晚唐以前就是敦
煌人的主食。自宋以降，小麦磨的面粉渐渐代替粟成为主
食。红粟饽饦由面粉和高粱粉制作而成，红白相间，别有
风味。

花灯佥儿。在敦煌民间，更多的人叫它"老鼠子"。如
此接地气的名字，是取其形似"小老鼠"。花灯佥儿跟正月
十五闹花灯有关，是元宵节蒸制的一种带馅食品，馅以碎馍
渣、杏仁、核桃仁等混合而成。有趣的是为什么会有碎馍
渣？因为春节前蒸的年馍一般要吃到正月十五，十几天里
要积攒许多碎渣，舍不得扔，把它们收集起来，成"佥儿"食
用，有勤俭节约之意。至于为何做成老鼠形状，我曾请教过

一位瓜州乡下的老妇人。她说，老鼠偷吃粮食，人人恨之，把"俭儿"包成老鼠模样，是希望它来年少糟蹋粮食。

自汉以降，敦煌一直是贸易交汇之地，辐辏通衢，商业繁荣，这些散布于敦煌民间的小吃和敦煌的雪山、沙漠、牛羊、万顷良田构成了一个完整的敦煌。而这些小吃所散发出来的异域之光，却被行色匆匆的游客们忽略罢了。偶尔，忆及敦煌，我总会想起这些风味小吃，甚至想从敦煌壁画大型图集里的宴饮图中找到它们的原型，然而，至今也没有找到。

但我相信，它们一定藏在敦煌的壁画里。

雪山驼掌

在一册有关敦煌文化的集子里,我看到了雪山驼掌的烹制方法:

将收集的骆驼蹄子先用凉水泡一周,再将毛皮褪尽,削去老茧,然后用慢火煮十多个小时,剔除骨头,再上笼蒸十多个小时,用大葱、大蒜、生姜将腥味去掉,将驼掌放入鸡汤内,加上火腿、猪蹄、鲜牛肉、香菇用慢火再炖。在泡、煮、蒸、炖的过程中,厨师们又将蛋清搅成糊状堆积为"雪山",把午餐肉剁成肉末铺成弯曲路状,再浇上鲜汤汁,即可食用。

我非饕餮之客,亦不精厨艺,所以,无法从这样的文字介绍里复原出雪山驼掌的形状。而且,我数次到达敦煌,每次总是和这款大名鼎鼎的陇上名菜错过。但是,我愿意去想象一位大厨在案板上气定神闲地做出这样一款菜。我甚至在想,能够做出雪山驼掌的厨师,一定是有胸怀的人。他的胸怀里藏着山水,这山水不是南方的山水,是大西北的辽阔山水,山是鸣沙山,水是月牙泉。他甚至是一个神奇的魔术师,手腕之下,渐次出现了终年白雪皑皑的祁连山、广阔无垠的戈壁滩和缓缓而行的骆驼群。

雪山驼掌的点睛之笔在于将蒸好的驼掌取出后,肉片放置在"丝路"的拐弯处,筋片撒在"丝路"上,宛似骆驼留下的蹄印。然后把鲜汤、佐料浇在肉筋上,如此一来,丝路上有了驼掌,加上远处的隐隐雪山,所以叫雪山驼掌,也挺形象的。

雪山,是白的;

丝路,是弯的;

而整个雪山驼掌,是淡黄的,一种晶莹剔透的黄。

遥远而漫长的丝绸古道,骆驼是沙漠深处最主要的交通工具之一。而骆驼能在戈壁沙漠中长途跋涉,凭借的就是坚实的驼掌。一峰骆驼之于漫漫丝路,是一次苦难的守望。而雪山驼掌,暗含了人心里对这种坚忍不拔精神的无限怀想。不过,话说回来,驼掌全部是筋,营养价值很高,加之骆驼寿命长,一般很少宰杀,驼掌之难觅与熊掌不相上下。所以,现在餐桌上的所谓驼掌,不必全信,吃吃意境,未尝不可。

不过，古代就有驼蹄入馔的典故。

且不说杜甫的诗句"劝客驼蹄羹，霜橙压香橘"，单在明代的《异物汇苑》里，就有"一瓯值千金，号为七宝羹"的记载。此七宝羹，实为才子曹植所创。但又有一说，此菜实为驼蹄羹，见于曹操所著的《四时食制》。当然，《本草纲目》里的"家驼峰，蹄最精，人多煮熟糟食"就是另外一种吃法了。

应该说，古代的驼蹄羹是王公贵族们的养生补品，而现在的雪山驼掌更是彰显敦煌地域文化的一张文化名片。

顺便说说，明代的隐逸之人褚人获的《坚瓠集》里，有一则古人吃驼峰的小故事，读来十分有趣。

后
记

　　写完这本书，是 2018 年 1 月 20 日，节气恰为大寒。在这溪水断流、野田晓霜的时节，我的内心却温暖如春，因为沿着这些文字铺就的道路，我完成了一次返乡之旅。或者说，当我秉承内心的旨意在中国南方写下的这些美食，既是对家乡风土人情与日常生活的真诚记录，更是我以游子心态对甘肃大地的一次深情回望。这些天，我在茶余饭后阅读诗人叶舟的诗集《月光照耀甘肃省》，"甘肃"这个普通的字眼总是令人怦然心动，又怅然若失。是的，我必须承认，每当我在履历表的"籍贯"一栏写下"甘肃"两个字的时候，无比认真，又心怀谦卑。那是一片藏着无数苍凉往事的大地，今天，我有幸用拙劣的文字写出它的一小部分，如同一道溪水归入河流，找回了家的温暖，甚至我仿佛再次栖身甘肃的广袤天空之下,醉酒,自说自话,对着星辰歌唱。

2018 年 1 月 20 日,苏州,十九楼头。